钢筋工

本书编委会　编

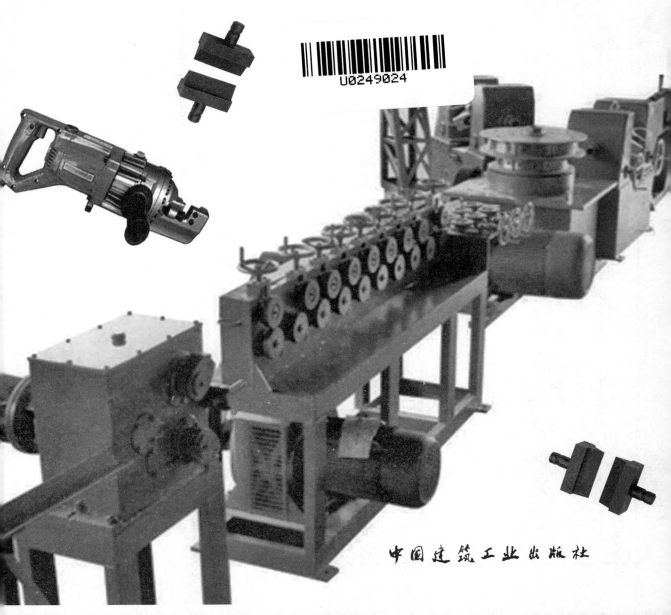

中国建筑工业出版社

图书在版编目（CIP）数据

钢筋工／本书编委会编 . —北京：中国建筑工业出版
社，2016.6
建筑工程职业技能岗位培训图解教材
ISBN 978-7-112-19405-6

Ⅰ.①钢… Ⅱ.①本… Ⅲ.①建筑工程—钢筋—工程
施工—岗位培训—教材 Ⅳ.① TU755.3

中国版本图书馆 CIP 数据核字（2016）第 092496 号

本书是根据国家颁布的《建筑工程施工职业技能标准》进行编写的，主要介绍了钢筋工的基础知识、钢筋的配料与代换、钢筋的材料和机具、钢筋的加工、钢筋的连接、钢筋的绑扎与安装、钢筋施工安全和质量管理等内容。

本书内容丰富，详略得当，用图文并茂的方式介绍钢筋工的施工技法，便于理解和学习。本书可作为建筑工程职业技能岗位培训相关教材使用，也可供建筑施工现场钢筋工人参考使用。

责任编辑：武晓涛
责任校对：陈晶晶 李美娜

建筑工程职业技能岗位培训图解教材

钢筋工

本书编委会 编
*
中国建筑工业出版社出版、发行（北京西郊百万庄）
各地新华书店、建筑书店经销
北京京点图文设计有限公司制版
北京君升印刷有限公司印刷
*
开本：787×1092 毫米 1/16 印张：10 字数：173 千字
2016 年 9 月第一版 2016 年 9 月第一次印刷
定价：**29.00** 元（附网络下载）
ISBN 978-7-112-19405-6
　　　（28686）

《钢筋工》
编委会

主编： 王志顺

参编： 陈洪刚　　张　彤　　伏文英　　刘立华
　　　　　刘　培　　何　萍　　范小波　　张　盼
　　　　　王昌丁　　李亚州

前　言

近年来，随着我国经济建设的飞速发展，各种工程建设新技术、新工艺、新产品、新材料也得到了广泛的应用，这就要求提高建筑工程各工种的职业素质和专业技能水平，同时，为了帮助读者尽快取得《职业技能岗位证书》，熟悉和掌握相关技能，我们编写了此书。

本书是根据国家颁布的《建筑工程施工职业技能标准》进行编写的，主要介绍了钢筋工的基础知识、钢筋的配料与代换、钢筋的材料和机具、钢筋的加工、钢筋的连接、钢筋的绑扎与安装、钢筋施工安全和质量管理等内容。

本书内容丰富，详略得当，用图文并茂的方式介绍钢筋工的施工技法，便于理解和学习。本书可作为建筑工程职业技能岗位培训相关教材使用，也可供建筑施工现场钢筋工人参考使用。同时为方便教学，本书编者制作有相关课件，读者可从中国建筑工业出版社官网（http://www.cabp.com.cn）下载。

本书编写过程中，尽管编写人员尽心尽力，但错误及不当之处在所难免，敬请广大读者批评指正，以便及时修订与完善。

编者

2016 年 2 月

目 录

第一章
钢筋工的基础知识

第一节 钢筋工职业技能等级要求

1. 初级钢筋工应符合下列规定

（1）理论知识

1）熟悉常用工具、量具名称，了解其功能和用途；

2）了解钢筋加工的变形、位移等常用知识；

3）了解简单建筑结构施工图，熟悉结构构件名称的代号；

4）了解钢筋绑扎与安装前的施工准备工作；

5）熟悉绑扎不同规格钢筋时的钢丝规格；

6）熟悉钢筋的各种规格、品种、用途及绑扎常见形式和工艺要求，掌握钢筋简单加工成型的工艺要点；

7）熟悉钢筋保护层厚度的要求和钢筋除锈、调直的操作方法；

8）了解钢筋加工的质量验收标准；

9）了解安全生产基本常识及常见安全生产防护用品的功用。

（2）操作技能

1）会规范使用常用的工具、量具；

2）会按钢筋品种、规格、尺寸进行分类堆放保管；

3）能够根据配料单或图纸要求进行钢筋品种、规格的辨认及简单加工成型（如除锈、调直、切割等）；

4）会按施工图或配料单的要求，对一般基础、梁、板、墙、柱和楼梯的钢筋进行绑扎；

5）会对钢筋骨架的变形、位移等一般缺陷进行整修；

6）会按规范要求对绑扎成型的钢筋骨架放置保护层垫块；

7）会按质量验收要求进行质量自检，填写验收单（检验批）；

8）会使用劳防用品进行简单的劳动防护。

2. 中级钢筋工应符合下列规定

（1）理论知识

1）了解较复杂的建筑、结构的施工图；

2）熟悉钢筋的代换知识，并会进行代换计算；

3）熟悉常用焊条的品种、规格和性能；

4）了解钢筋的各种机械连接的材料性能、工艺要求（如：锥螺纹连接、冷挤压连接等）；

5）掌握编制钢筋配料单的步骤和方法；

6）了解常见专用机械设备（手动、半自动）的操作性能；

7）了解钢筋的焊接与各种连接的技术质量要求和冷加工后的技术质量标准；

8）熟悉钢筋加工的质量验收标准；

9）熟悉安全生产操作规程。

（2）操作技能

1）能够编制一般工业与民用建筑工程中的钢筋配料单；

2）能够使用机械对钢筋进行加工成型；

3）能够根据图纸或料单将钢筋加工成箍形（如弧形、圆形、T形、手枪形、菱形等）；

4）能够处理工程上的"三缝及端头"的钢筋绑扎；

5）能看懂钢筋的各种试验报告；

6）能够对钢筋工程完工后进行质量自检；

7）能够在作业中实施安全操作。

3. 高级钢筋工应符合下列规定

（1）理论知识

1）熟悉较复杂的建筑、结构施工图；

2）了解一般工程中钢筋施工技术交底的知识；

3）掌握一般预应力钢筋的配料计算及技术质量的检测标准；

4）熟悉各种钢筋加工机械和焊接机械的性能与选用；

5）熟悉新材料的力学、化学性能及使用要求（含钢筋新品种、规格、性能）；

6）掌握较复杂结构中节点钢筋的放样、配料方法及施工操作程序；

7）了解计算机基础知识；

8）掌握预防和处理质量和安全事故的方法及措施。

（2）操作技能

1）能够对较复杂钢筋混凝土结构的节点放大样实样图；

2）能够编制较复杂工程的钢筋配料单；

3）会一般预应力钢筋的张拉施工操作；

4）会排除常用机械的一般故障；

5）能够用机械或手工加工螺旋型、复合型等复杂形式的箍筋；

6）会根据生产需要制作简单的辅助工、夹具，并使用、维护和保养各种锚具、夹具、张拉设备；

7）能够进行钢筋冷加工操作和使用常用机械连接钢筋；

8）能够进行计算机的一般操作；

9）能够按安全生产规程指导初、中级工作业。

4. 钢筋工技师应符合下列规定

（1）理论知识

1）熟悉复杂的钢筋混凝土施工图；

2）掌握建筑力学和钢筋混凝土构件受力的一般理论知识，并会简单构件的受力计算；

3）熟悉复杂的预应力钢筋的施工工艺、技术、质量标准；

4）掌握计算机程序对复杂结构进行放样的操作流程；

5）掌握计算机程序对各种结构中钢筋工料计算的方法；

6）掌握本工种施工预算的基础知识；

7）掌握本工种施工质量验收规范和质量检验方法；

8）熟悉有关安全法规及一般安全事故的处理程序。

（2）操作技能

1）能够编制复杂结构的钢筋施工方案；

2）能够绘制本工种较复杂结构的放样图；

3）能够主持深大基坑的钢筋作业；

4）会主持大跨度的预应力梁和斜拉桥预应力钢筋作业；

5）会简单结构构件的配筋设计计算；

6）会应用计算机进行钢筋放样和计算工料，并能绘制节点图；

7）会运用新技术、新工艺、新材料和新设备，并能根据生产需要设计制作较复杂的工、夹具；

8）熟练进行本工种的工程质量验收和检验评定；

9）能够对本工种中、高级工进行示范操作、传授技能；

10）能够解决操作技术上的疑难问题；

11）能够根据生产环境，提出安全生产建议，并处理一般安全事故。

5. 钢筋工高级技师应符合下列规定

（1）理论知识

1）了解复杂的钢筋混凝土施工图；

2）掌握编制本工种的施工方案、工艺要求、操作程序；

3）熟悉相关工种的施工工艺要求；

4）掌握特殊预应力钢筋的施工工艺、技术要求、质量标准；

5）熟悉相关加工机械的性能及原理；

6）掌握有关安全法规及突发安全事故的处理程序。

（2）操作技能

1）能够独立编制特殊结构的施工方案、工艺要求及操作程序；

2）熟练编制相关工种的施工方案；

3）能够进行本工种特殊结构的施工技术交底；

4）会对各种加工机械进行技术革新改造，并设计制作复杂工、夹具及专用量具；

5）能够编制突发安全事故处理的预案，并熟练进行现场处置。

第二节 识图基础知识

1. 房屋构造

一幢民用建筑，例如教学楼，一般是由基础、墙（或柱）、楼板层及地坪层（楼地层）、屋顶、楼梯和门窗等部分组成，如图1-1所示。

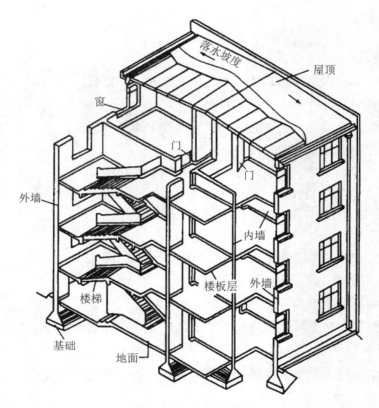

图1-1 房屋构造的组成

1）基础。基础是房屋最下部埋在土中的扩大构件，它承受着房屋的全部荷载，并把荷载传给基础下面的土层（地基）。

2）墙与柱。墙与柱是房屋的竖向承重构件，它承受楼地面和屋顶传来的荷载，并把这些荷载传给基础。墙体还是分隔、围护构件，外墙阻隔雨、风、雪、寒暑对室内的影响，内墙起着分隔房间的作用。

3）楼面与地面。楼面与地面是房屋的水平承重和分隔构件。楼面是指二层或二层以上的楼板。地面又称为底层地坪，是指第一层使用的水平部分。它们承受着房间的家具、设备和人员的重量。

4）楼梯。楼梯是楼房建筑中的垂直交通设施，供人们上下楼层和紧急疏散之用。

5）屋顶（屋盖）。屋顶是房屋顶部的围护和承重构件。它一般由承重层、防水层和保温（隔热）层三大部分组成，主要抵御阳光辐射和风、霜、雨、雪的侵蚀，承受外部荷载以及自身重量。

6）门和窗。门和窗是房屋的围护构件。门主要供人们出入通行，窗主要供室内采光、通风、眺望之用。同时，门窗还具有分隔和围护作用。

2. 钢筋的分类和作用

钢筋按其在构件中起的作用不同，通常加工成各种不同的形状。构件中常见的钢筋有主钢筋（纵向受力钢筋）、弯起钢筋（斜钢筋）、箍筋、架立钢筋、腰筋、拉筋和分布钢筋等，如图 1-2 所示。各种钢筋在构件中的作用如下。

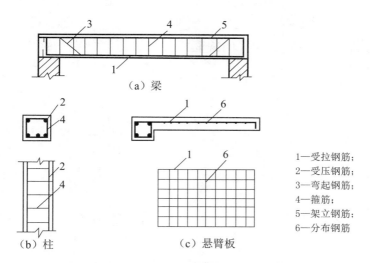

（a）梁

（b）柱　　　　（c）悬臂板

1—受拉钢筋；
2—受压钢筋；
3—弯起钢筋；
4—箍筋；
5—架立钢筋；
6—分布钢筋

图 1-2　钢筋在构件中的种类

（1）主钢筋

主钢筋又称纵向受力钢筋，可分受拉钢筋和受压钢筋两类。受拉钢筋配置在受弯构件的受拉区和受拉构件中承受拉力；受压钢筋配置在受弯构件的受压区和受压构件中，与混凝土共同承受压力。一般在受弯构件受压区配置主钢筋是不经济的，只有在受压区混凝土不足以承受压力时，才在受压区配置受压主钢筋以补强。受拉钢筋在构件中的位置如图1-3所示。

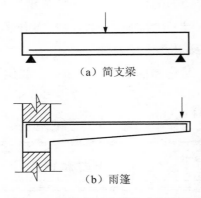

（a）简支梁

（b）雨篷

图1-3 受拉钢筋在构件中的位置

受压钢筋是通过计算用以承受压力的钢筋，一般配置在受压构件中，例如各种柱子、桩或屋架的受压腹杆内，还有受弯构件的受压区内也需配置受压钢筋。虽然混凝土的抗压强度较大，然而钢筋的抗压强度远大于混凝土的抗压强度，在构件的受压区配置受压钢筋，帮助混凝土承受压力，就可以减小受压构件或受压区的截面尺寸。受压钢筋在构件中的位置如图1-4所示。

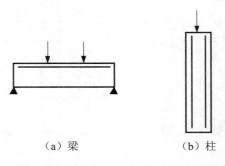

（a）梁　　　　　　　　　　（b）柱

图1-4 受压钢筋在构件中的位置

（2）弯起钢筋

它是受拉钢筋的一种变化形式。在简支梁中，为抵抗支座附近由于受弯和受剪而产生的斜向拉力，就将受拉钢筋的两端弯起来，承受这部分斜拉力，称为弯起钢筋。但在连续梁和连续板中，经实验证明受拉区是变化的：跨中受拉区在连续梁、板的下部；到接近支座的部位时，受拉区主要移到梁、板的上部。为了适应这种受力情况，受拉钢筋到一定位置就须弯起。弯起钢筋在构件中的位置如图1-5所示。斜钢筋一般由主钢筋弯起，当主钢筋长度不够弯起时，也可采用吊筋（图1-6），但不得采用浮筋。

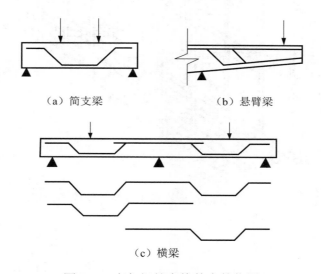

（a）简支梁　　　　　　　　　　（b）悬臂梁

（c）横梁

图1-5　弯起钢筋在构件中的位置

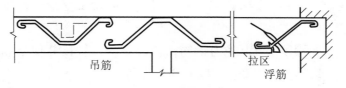

图1-6　吊筋布置图

（3）架立钢筋

架立钢筋能够固定箍筋，并与主筋等一起连成钢筋骨架，保证受力钢筋的设计位置，使其在浇筑混凝土过程中不发生移动。

架立钢筋的作用是使受力钢筋和箍筋保持正确位置，以形成骨架。但当梁的高度小于 150mm 时，可不设箍筋，在这种情况下，梁内也不设架立钢筋。架立钢筋的直径一般为 8 ～ 12mm。架立钢筋位置如图 1-7 所示。

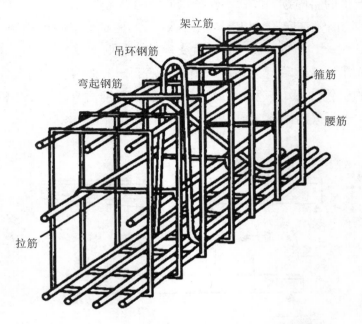

图 1-7　架立筋、腰筋等在钢筋骨架中的位置

（4）箍筋

箍筋除了可以满足斜截面抗剪强度外，还有使连接的受拉主钢筋和受压区的混凝土共同工作的作用。此外，亦可用于固定主钢筋的位置而使梁内各种钢筋构成钢筋骨架。

箍筋的主要作用是固定受力钢筋在构件中的位置，并使钢筋形成坚固的骨架，同时箍筋还可以承担部分拉力和剪力等。

箍筋的形式主要有开口式和闭口式两种。闭口式箍筋有三角形、圆形和矩形等多种形式。

单个矩形闭口式箍筋也称双肢箍；两个双肢箍拼在一起称为四肢箍。在截面较小的梁中可使用单肢箍；在圆形或有些矩形的长条构件中也有使用螺旋形箍筋的。

箍筋的构造形式如图 1-8 所示。

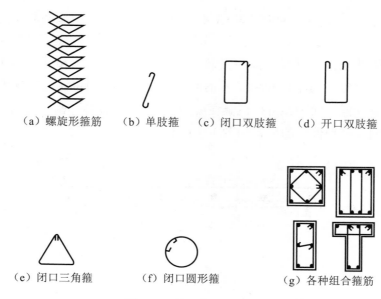

（a）螺旋形箍筋　（b）单肢箍　（c）闭口双肢箍　（d）开口双肢箍

（e）闭口三角箍　　　（f）闭口圆形箍　　　（g）各种组合箍筋

图 1-8　箍筋的构造形式

（5）腰筋与拉筋

当梁的截面高度超过 700mm 时，为了保证受力钢筋与箍筋整体骨架的稳定，以及承受构件中部混凝土收缩或温度变化所产生的拉力，在梁的两侧面沿高度每隔 300～400mm 设置一根直径不小于 10mm 的纵向构造钢筋，称为腰筋。腰筋要用拉筋联系，拉筋直径采用 6～8mm。如图 1-9 所示。

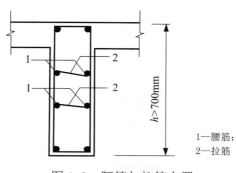

1—腰筋；
2—拉筋

图 1-9　腰筋与拉筋布置

由于安装钢筋混凝土构件的需要，在预制构件中，根据构件体形和质量，在一定位置设置有吊环钢筋。在构件和墙体连接处，部分还预埋有锚固筋等。

（6）分布钢筋

分布钢筋是指在垂直于板内主钢筋方向上布置的构造钢筋。其作用是将板面上的荷载更均匀地传递给受力钢筋，同时在施工中可通过绑扎或点焊以固定主钢筋位置，同时亦可抵抗温度应力和混凝土收缩应力。

分布钢筋在构件中的位置如图 1-10 所示。

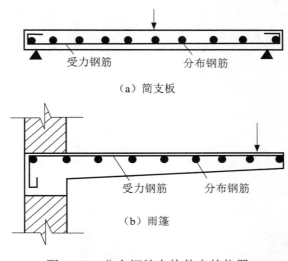

（a）简支板

（b）雨篷

图 1-10　分布钢筋在构件中的位置

3. 构件代号

房屋结构的各种构件，如梁、板、柱等，种类繁多，布置复杂，为了简明地把各种构件表示在图纸上，通常采用构件代号加以区分。构件代号用汉语拼音字母组合表示，见表 1-1。

常用构件代号　　　　　　　　　　　　表 1-1

序号	名称	代号	序号	名称	代号
1	板	B	3	空心板	KB
2	屋面板	WB	4	槽形板	CB

续表

序号	名称	代号	序号	名称	代号
5	折板	ZB	30	天窗架	CJ
6	密肋板	MB	31	框架	KJ
7	楼梯板	TB	32	刚架	GJ
8	盖板或沟盖板	GB	33	支架	ZJ
9	挡雨板或檐口板	YB	34	柱	Z
10	吊车安全走道板	DB	35	框架柱	KZ
11	墙板	QB	36	构造柱	GZ
12	天沟板	TGB	37	承台	CT
13	梁	L	38	设备基础	SJ
14	屋面梁	WL	39	桩	ZH
15	吊车梁	DL	40	挡土墙	DQ
16	单轨吊车梁	DDL	41	地沟	DG
17	轨道连接	DGL	42	柱间支撑	ZC
18	车挡	CD	43	垂直支撑	CC
19	圈梁	QL	44	水平支撑	SC
20	过梁	GL	45	梯	T
21	连系梁	LL	46	雨篷	YP
22	基础梁	JL	47	阳台	YT
23	楼梯梁	TL	48	梁垫	LD
24	框架梁	KL	49	预埋件	M—
25	框支梁	KZL	50	天窗端壁	TD
26	屋面框架梁	WKL	51	钢筋网	W
27	檩条	LT	52	钢筋骨架	G
28	屋架	WJ	53	基础	J
29	托架	TJ	54	暗柱	AZ

注：1. 预制混凝土构件、现浇混凝土构件、钢构件和木构件，一般可以采用本表中的构件代号。在绘图中，除混凝土构件可以不注明材料代号外，其他材料的构件可在构件代号前加注材料代号，并在图纸中加以说明。

2. 预应力混凝土构件的代号，应在构件代号前加注"Y"，如 Y-DL 表示预应力混凝土吊车梁。

预应力混凝土构件采用上述代号时，构件代号前加注"Y"，例如 YKB 表示预应力混凝土空心板。

预应力混凝土空心板的代号常有这样的表示方法，如 8-6YKB33-2，其数字和字母含义依次为：

8——代表 8 块；

6——空心板宽度为 600mm；

YKB——预应力混凝土空心板；

33——跨度为 3.3m，即 3300mm；

2——荷载等级为 2 级。

第三节 钢筋的制图表示

1. 钢筋尺寸标注

钢筋的直径、数量或相邻钢筋的中心距一般采用引出线方式标注，其尺寸标注有下面两种形式。

1）标注钢筋的根数和直径，如梁内受力筋和架立筋：

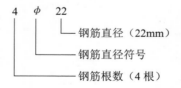

2）标注钢筋的直径和相邻钢筋的中心距，如梁内箍筋和板内钢筋：

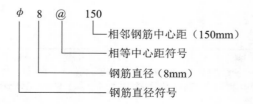

钢筋简图中受力筋的尺寸按外皮尺寸标注，箍筋的尺寸按内皮尺寸标注，如图 1-11 所示。

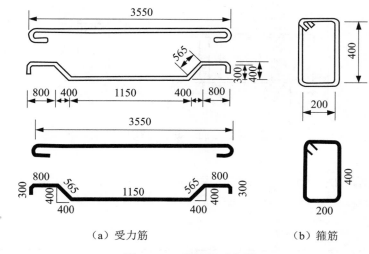

（a）受力筋　　　　　　（b）箍筋

图 1-11　钢筋尺寸标注

2. 钢筋的表示

钢筋在平面图中的配置表示方法如图 1-12 所示。钢筋、钢丝束的说明应给出钢筋代号、直径、数量、间距、编号及所在位置。

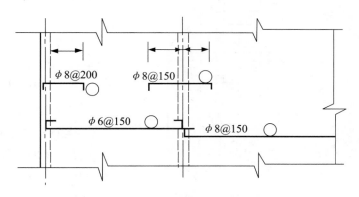

图 1-12　钢筋在平面图中的表示方法

钢筋在立面、断面图中的配置一般按图 1-13 所示。同时应沿钢筋的长度或在钢筋引出线上标注出钢筋的代号、直径、数量、间距、编号及所在位置。

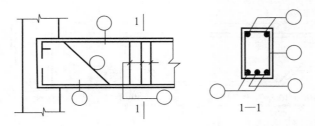

图 1-13　钢筋在立面、断面图中的表示方法

构件配筋图中箍筋的长度尺寸指箍筋的里皮尺寸，弯起钢筋的高度尺寸指钢筋外皮尺寸。

3. 钢筋的简化表示

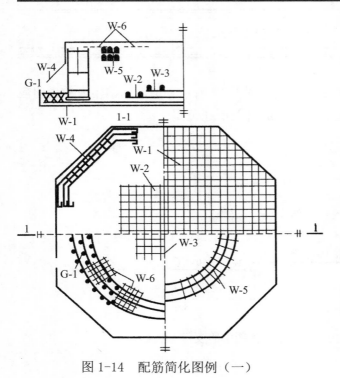

图 1-14　配筋简化图例（一）

有些构件由于其几何构造特点，钢筋可用简化的表示方法。

当构件对称时，钢筋可用一半或 1/4 表示。图 1-14 是一个设备基础，其焊接网片完全对称，即用每 1/4 表示其一层平面的网片，对照剖面图，就表示得十分清楚。

当钢筋混凝土构件配筋较简单时，可在其模板图的一角绘出断开界线，并绘出钢筋布置图，如图 1-15 所示。

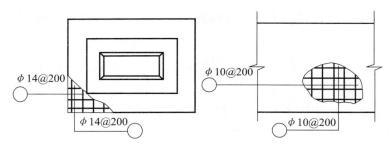

图 1-15　配筋简化图例（二）

对称的钢筋混凝土构件，在同一图中可一半表示模板，一半表示钢筋，如图 1-16 所示。

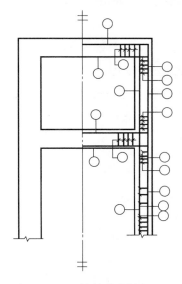

图 1-16　配筋简化图例（三）

一套完整的房屋施工图，按其内容和作用的不同，可分为三大类。

1）建筑施工图，简称建施。它的基本图样包括：建筑总平面图、平面图、立面图和剖面图等；它的建筑详图包括墙身剖面图、楼梯详图、浴厕详图、门窗详图及门窗表，以及各种装修、构造做法、说明等。在建筑施工图的标题栏内均注写建施××号，可供查阅。

2）结构施工图，简称结施。它的基本图样包括基础平面图、楼层结构平面图、屋顶结构平面图、楼梯结构图等；它的结构详图有基础详图，梁、板、柱等构件详图及节点详图等。在结构施工图的标题内均注写结施××号，可供查阅。

3）设备施工图，简称设施。设施包括三部分专业图样：给水排水施工图、采暖通风施工图、电气施工图。

它们的图样由平面布置图、管线走向系统图（如轴测图）和设备详图等组成。在这些图样的标题栏内分别注写水施××号，暖施××号，电施××号，以便查阅。

第四节 钢筋图例

为了突出表示钢筋的配置情况，在构件结构图中，把钢筋画成粗实线，构件的外形轮廓线画成细实线，表 1-2 为构件轮廓表示。钢筋的图例、钢筋画法规则见表 1-3～表 1-6。

图线　　　　　　　　　　　　　　　　　　　　表 1-2

名称		线性	线宽	一般用途
实线	粗	——	b	螺栓、钢筋线、结构平面图中的单线结构构件线，钢木支撑及系杆线，图名下横线、剖切线
	中粗	——	$0.7b$	结构平面图及详图中剖到或可见的墙身轮廓线、基础轮廓线、钢、木结构轮廓线、钢筋线
	中	——	$0.5b$	结构平面图及详图中剖到或可见的墙身轮廓线、基础轮廓线、可见的钢筋混凝土构件轮廓线、钢筋线
	细	——	$0.25b$	标注引出线、标高符号线、索引符号线、尺寸线

续表

名称		线性	线宽	一般用途
虚线	粗	— — — —	b	不可见的钢筋线、螺栓线、结构平面图中不可见的单线结构构件线及钢、木支撑
	中粗	- - - - -	$0.7b$	结构平面图中的不可见构件、墙身轮廓线及不可见钢、木结构构件线、不可见的钢筋线
	中	- - - -	$0.5b$	结构平面图中的不可见构件、墙身轮廓线及不可见钢、木结构构件线、不可见的钢筋线
	细	- - - -	$0.25b$	基础平面图中的管沟轮廓线、不可见的钢筋混凝土构件轮廓线
单点长画线	粗	— · — · —	b	柱间支撑、垂直支撑、设备基础轴线图中的中心线
	细	— · — · —	$0.25b$	定位轴线、对称线、中心线、重心线
双点长画线	粗	— ·· — ·· —	b	预应力钢筋线
	细	— ·· — ·· —	$0.25b$	原有结构轮廓线
折断线		—〜—	$0.25b$	断开界限
波浪线		〜〜〜	$0.25b$	断开界限

一般钢筋图例　　　　　　　　　　　　　　表 1-3

序号	名称	图例	说明
1	钢筋横断面	●	
2	无弯钩的钢筋端部	—— /	下图表示长、短钢筋投影重叠时，短钢筋的端部用 45° 斜画线表示
3	带半圆形弯钩的钢筋端部	└—	—
4	带直钩的钢筋端部	└——	—

续表

序号	名称	图例	说明
5	带丝扣的钢筋端部		—
6	无弯钩的钢筋搭接		—
7	带半圆弯钩的钢筋搭接		—
8	带直钩的钢筋搭接		—
9	花篮螺丝钢筋接头		—
10	机械连接的钢筋接头		用文字说明机械连接的方式（或冷挤压或锥螺纹等）

预应力钢筋   表 1-4

序号	名称	图例
1	预应力钢筋或钢绞线	
2	后张法预应力钢筋断面 无粘结预应力钢筋断面	
3	预应力钢筋断面	
4	张拉端锚具	
5	固定端锚具	
6	锚具的端视图	
7	可动连接件	
8	固定连接件	

钢筋网片   表 1-5

序号	名称	图例
1	一片钢筋网平面图	W-1
2	一行相同的钢筋网平面图	3W-1

注：用文字注明焊接网或绑扎网片。

钢筋画法　　　　　　　　　　表 1-6

序号	说明	图例
1	在结构楼板中配置双层钢筋时，底层钢筋的弯钩应向上或向左，顶层钢筋的弯钩则向下或向右	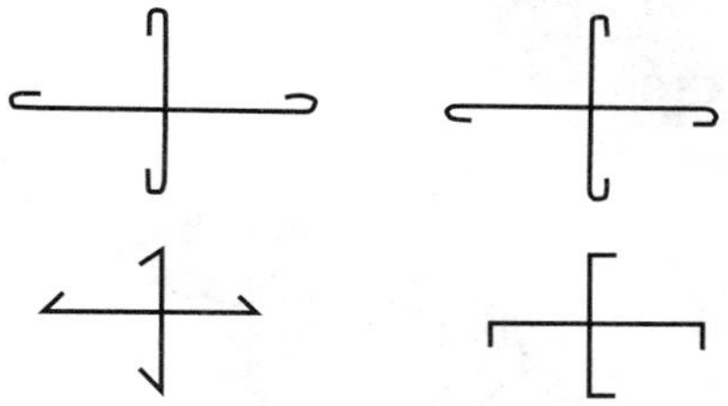
2	钢筋混凝土墙体配双层钢筋时，在配筋立面图中，远面钢筋的弯钩应向上或向左，而近面钢筋的弯钩向下或向右（JM 近面，YM 远面）	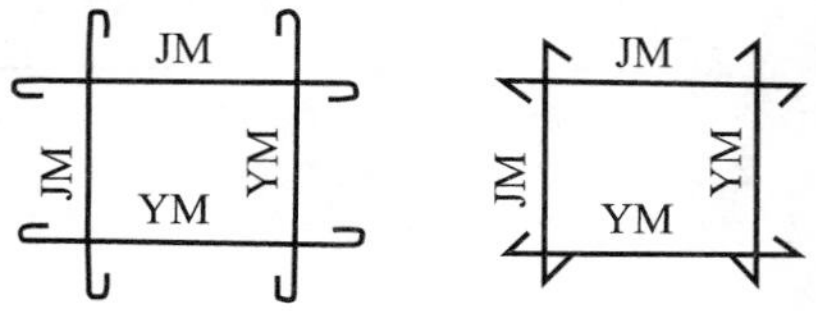
3	若在断面图中不能表达清楚的钢筋布置，应在断面图外增加钢筋大样图（如：钢筋混凝土墙、楼梯等）	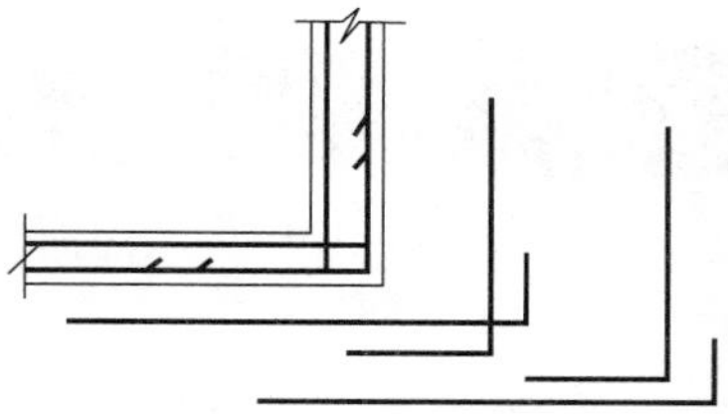
4	图中所表示的箍筋、环筋等若布置复杂时，可加画钢筋大样及说明	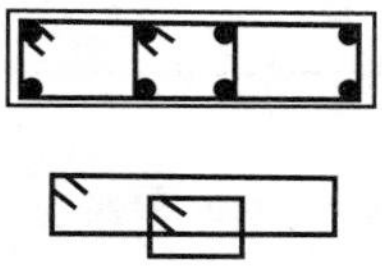
5	每组相同的钢筋、箍筋或环筋，可用一根粗实线表示，同时用一两端带斜短画线的横穿细线，表示其钢筋及起止范围	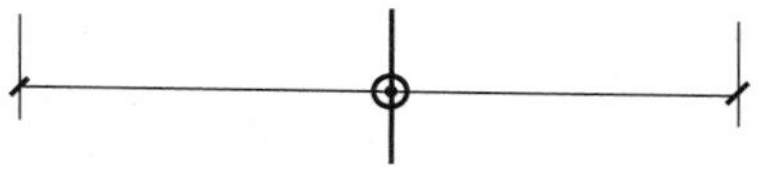

第二章
钢筋的配料与代换

第一节 钢筋配料

1. 钢筋配料单编制步骤

1）首先要熟悉图纸，识读构件配筋图。把结构施工图中钢筋的品种、规格，列成钢筋明细表，并读出钢筋设计尺寸，弄清每一钢筋编号的直径、规格、种类、形状和数量以及在构件中的位置和相互关系。

2）其次是绘制钢筋简图，然后是计算每种规格钢筋的下料长度，再根据钢筋下料长度填写和编写钢筋下料单。

3）汇总编制钢筋配料单，在配料单中，要反映出工程名称、钢筋编号、钢筋简图和尺寸、钢筋直径、数量、下料长度、质量等。

4）最后是填写钢筋料牌，根据钢筋配料单将每一编号的钢筋制作一块料牌作为钢筋加工的依据。

2. 钢筋下料

（1）基本规定

钢筋加工前应根据图纸编制配料单，然后进行备料加工。为了使工作方便和避免漏配钢筋，配料应该有顺序地进行。

（2）下料长度计算

下料长度计算是配料计算中的关键。由于结构受力上的要求，许多钢筋需在中间弯曲和两端弯成弯钩。

1）钢筋弯曲时，其外壁伸长，内壁缩短，而中心线长度并不改变。因此，钢筋的下料长度公式应为：

$$钢筋下料长度＝外包尺寸＋端头弯钩度－量度差值$$

$$箍筋下料长度＝箍筋周长＋箍筋调整值$$

2）当弯心的直径为 $2.5d$（d 为钢筋的直径）时，半圆弯钩的增加长度如图 2-1 所示。

①弯钩全长：

$$3d+\frac{3.5\pi d}{2}=8.5d$$

②弯钩增加长度（包括量度差值）：

$$8.5d-2.25d = 6.25d$$

在实践中，由于实际弯心直径与理论直径有时不一致、钢筋粗细和机具条件不同等会影响弯钩长度，所以在实际配料时，对弯钩增加长度常根据具体条件采用经验数据。

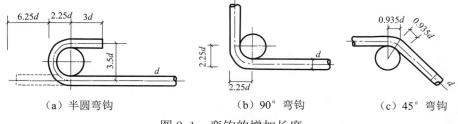

（a）半圆弯钩 （b）90°弯钩 （c）45°弯钩

图 2-1 弯钩的增加长度

3. 配料计算注意事项

配料计算时要注意：

1）在设计图纸中，钢筋配置的细节问题没有注明时，一般可根据构造要求处理。对外形复杂的构件，应用放 1：1 足尺或放大样的办法用尺量钢筋长度。

2）配料计算时要考虑钢筋的形状和尺寸，在符合设计要求的前提下，要有利于加工、运输和安装。

3）配料时，还要考虑到施工需要的附加钢筋。比如，基础双层钢筋网中保证上层钢筋网位置用的钢筋撑脚，柱钢筋骨架增加四面斜筋撑以及墙板双层钢筋网中固定钢筋间距用的钢筋撑铁等。

4）钢筋配料计算完毕之后，应填写配料单，并经严格校核，准确无误。

4. 配料单填写

钢筋配料计算完毕，需填写配料单，作为钢筋工下料加工的依据。用何种级别钢筋、制作的式样、根数及每种形式钢筋下料的尺寸，用准确的数字说明，见表 2-1。

钢筋配料单 表 2-1

构件名称及数量	钢筋编号	简图	钢号	直径（mm）	下料长度（mm）	单位根数	合计根数	质量（kg）

续表

构件名称及数量	钢筋编号	简图	钢号	直径（mm）	下料长度（mm）	单位根数	合计根数	质量（kg）
总重（kg）								

注：单位根数是每一构件统一编号钢筋的根数，合计根数是一个单位工程中统一编号钢筋的根数。

　　钢筋配料单在钢筋工程施工过程中起着非常重要的作用，是提出材料计划、签发任务单、限额领料、钢筋加工的依据，可能起到节约钢筋原料与简化操作的效果。所以钢筋生产加工前须读懂下料单，再合理下料，最后完成钢筋加工。

第二节 钢筋的代换

1. 代换原则

　　当施工中遇有钢筋的品种或规格与设计要求不符时，可按照下面的原则进行钢筋代换。

　　1）在施工中，已确认工地不可能供应设计图要求的钢筋品种和规格时，才允许根据现有条件进行钢筋代换。

　　2）代换前，必须充分了解设计意图、构件特征和代换钢筋性能，严格遵守国家规定、设计规范、施工验收规范及有关技术规定。

　　3）代换后，仍能满足各类极限状态的有关计算要求，以及必要的配筋构

造规定（如受力钢筋和箍筋的最小直径、间距、锚固长度、配筋率及混凝土保护层厚度等）；在一般情况下，代换钢筋还必须满足截面对称的要求。

4）对抗裂性要求高的构件（如吊车梁、薄腹梁、屋架下弦等），不宜用HPB300级光面钢筋替换HRB335、HRB400级带肋钢筋，以免裂缝开展过宽。

5）梁内纵向受力钢筋与弯起钢筋应分别进行代换，以保证正截面与斜截面强度。

6）偏心受压构件或偏心受拉构件（如框架柱、承受吊车荷载的柱、屋架上弦等）钢筋代换时，应按受力方向（受压或受拉）分别代换，不得取整个截面配筋量计算。

7）吊车梁等承受反复荷载作用的构件，必要时应在钢筋代换后进行疲劳验算。

8）当构件受裂缝宽度控制时，代换后应进行裂缝宽度验算。如代换后裂缝宽度有少量增大（但不超过允许的最大裂缝宽度，被认为代换有效），还应对构件作挠度验算。若以小直径钢筋代换大直径钢筋，以强度等级低的钢筋代换强度等级高的钢筋，则可不做裂缝宽度验算。

9）同一截面内配置不同种类和直径的钢筋代换时，每根钢筋拉力差不宜过大（同品种钢筋直径差一般不大于5mm），以免构件受力不均。

10）钢筋代用应避免出现大材小用、优材劣用或不符合专料专用等现象。钢筋代换时，其用量不宜大于原设计用量的5%，如判断原设计有一定潜力，也可以略微降低，但是不应低于原设计用量的2%。

11）进行钢筋代换的效果，除应考虑代换后仍能满足结构各项技术性能要求之外，同样还要保证用料的经济性和加工操作的方便。

12）重要结构和预应力混凝土钢筋的代换，应征得设计单位同意。

2. 代换方法

1）当结构构件是按强度控制时，可按强度等同原则代换，称"等强代换"。如设计图中所用钢筋强度 f_{y1}，钢筋总面积为 A_{s1}，代换后钢筋强度为 f_{y2}，钢筋总面积为 A_{s2}，则应使：

$$f_{y2} A_{s2} \geq f_{y1} A_{s1}$$

2）当构件按最小配筋率控制时，可按钢筋面积相等的原则代换，称"等面积代换"即：

$$A_{s1} = A_{s2}$$

式中：A_{s1}——原设计钢筋的计算面积；

A_{s2}——拟代换钢筋的计算面积。

3）当结构构件按裂缝宽度或挠度控制时，钢筋的代换需进行裂缝宽度或挠度验算。代换后，还应满足构造方面的要求（如钢筋间距、最小直径、最少根数、锚固长度、对称性等）及设计中提出的特殊要求（如冲击韧性、抗腐蚀性等）。

第三章
钢筋的材料和机具

第一节 钢筋的品种和规格

1. 热轧带肋钢筋

根据《钢筋混凝土用钢 第2部分：热轧带肋钢筋》GB 1499.2—2007 的规定，热轧带肋钢筋的规格见表3-1，其表面形状如图3-1所示。

热轧带肋钢筋的公称横截面面积与理论质量 表 3-1

公称直径（mm）	公称横截面面积（mm²）	理论重量（kg/m）	实际重量与理论重量的偏差（%）
6	28.27	0.222	±7
8	50.27	0.395	
10	78.54	0.617	
12	113.1	0.888	
14	153.9	1.21	±5
16	201.1	1.58	
18	254.5	2.00	
20	314.2	2.47	

续表

公称直径（mm）	公称横截面面积（mm²）	理论重量（kg/m）	实际重量与理论重量的偏差（%）
22	380.1	2.98	
25	490.9	3.85	
28	615.8	4.83	
32	804.2	6.31	±4
36	1018	7.99	
40	1257	9.87	
50	1964	15.42	

注：本表中理论重量按密度为 7.85g/cm³ 计算。

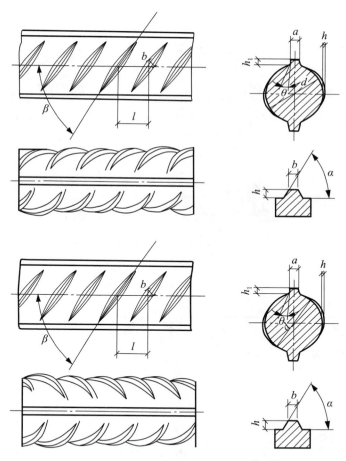

图 3-1 月牙肋钢筋（带纵肋）表面及截面形状

d—钢筋内径；α—横肋斜角；h—横肋高度；β—横肋与轴线夹角；
h_1—纵肋高度；θ—纵肋斜角；a—纵肋顶宽；l—横肋间距；b—横肋顶宽

2. 冷轧带肋钢筋

冷轧带肋钢筋是热轧圆盘条经冷轧后，在其表面带有沿长度方向均匀分布的三面或二面横肋的钢筋。它的生产和使用应符合《冷轧带肋钢筋》GB 13788—2008 和《冷轧带肋钢筋混凝土结构技术规程》JGJ 95—2011 的规定。CRB550 钢筋的公称直径范围为 4 ~ 12mm。CRB650 及以上牌号钢筋的公称直径为 4mm、5mm、6mm。

1）三面肋和二面肋钢筋的外形分别如图 3-2、图 3-3 所示。

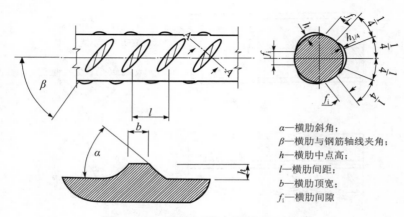

α—横肋斜角；
β—横肋与钢筋轴线夹角；
h—横肋中点高；
l—横肋间距；
b—横肋顶宽；
f_i—横肋间隙

图 3-2　三面肋钢筋表面及截面形状

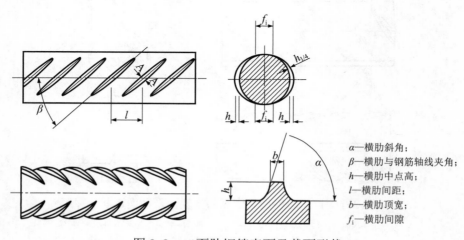

α—横肋斜角；
β—横肋与钢筋轴线夹角；
h—横肋中点高；
l—横肋间距；
b—横肋顶宽；
f_i—横肋间隙

图 3-3　二面肋钢筋表面及截面形状

2）钢筋加工与安装：

①冷轧带肋钢筋应采用调直机调直。钢筋调直后不应有局部弯曲和表面明显擦伤，直条钢筋每米长度的侧向弯曲不应大于4mm，总弯曲度不应大于钢筋总长的千分之四。

②冷轧带肋钢筋末端可不制作弯钩。当钢筋末端需制作90°或135°弯折时，钢筋的弯弧内直径不应小于钢筋直径的5倍。当用作箍筋时，钢筋的弯弧内直径尚不应小于纵向受力钢筋的直径，弯折后平直段长度应符合现行国家标准《混凝土结构工程施工规范》GB 50666—2011的有关规定。

③钢筋加工的形状、尺寸应符合设计要求。钢筋加工的允许偏差应符合表3-2的规定。

钢筋加工的允许偏差　　　　　　　　　　　　　　表3-2

项目	允许偏差（mm）
受力钢筋顺长度方向全长的净尺寸	±10
箍筋尺寸	±5

④冷轧带肋钢筋的连接可采用绑扎搭接或专门焊机进行的电阻点焊，不得采用对焊或手工电弧焊。

⑤钢筋的绑扎施工应符合现行国家标准《混凝土结构工程施工规范》GB 50666—2011的有关规定。绑扎网和绑扎骨架外形尺寸的允许偏差，应符合表3-3的规定。

绑扎网和绑扎骨架的允许偏差　　　　　　　　　　表3-3

项目		允许偏差（mm）
网的长和宽		±10
网眼尺寸		±20
骨架的宽和高		±5
骨架的长		±10
箍筋间距		±20
受力钢筋	间距	±10
	排距	±5

3．冷轧扭钢筋

冷轧扭钢筋是指低碳钢热轧圆盘条经专用钢筋冷轧扭机调直、冷轧并冷扭（冷滚）一次成型具有规定截面形式和相应节距的连续螺旋状钢筋，如图 3-4 所示。

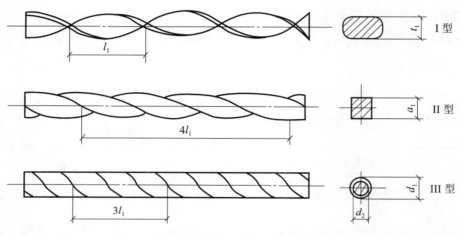

图 3-4　冷轧扭钢筋形状及截面控制尺寸

（1）冷轧扭钢筋的锚固及接头

1）当计算中充分利用钢筋的抗拉强度时，冷轧扭受拉钢筋的锚固长度应按表 3-4 取用，在任何情况下，纵向受拉钢筋的锚固长度不应小于 200mm。

冷轧扭钢筋最小锚固长度 l_a（mm）　　　　　表 3-4

钢筋级别	混凝土强度等级				
	C20	C25	C30	C35	≥ C40
CTB550	$45d$（$50d$）	$40d$（$45d$）	$35d$（$40d$）	$35d$（$40d$）	$30d$（$35d$）
CTB650	—	—	$50d$	$45d$	$40d$

注：1．d 为冷轧扭钢筋标志直径。
　　2．两根并筋的锚固长度按表中数值乘以 1.4 后取用。
　　3．括号内数字用于 II 型冷轧扭钢筋。

2）纵向受力冷轧扭钢筋不得采用焊接接头。

3）纵向受拉冷轧扭钢筋搭接长度 l_1 不应小于最小锚固长度 l_a 的 1.2 倍，且不应小于 300mm。

4）纵向受拉冷轧扭钢筋不宜在受拉区截断；当必须截断时，接头位置宜设在受力较小处，并相互错开。在规定的搭接长度区段内，有接头的受力钢筋截面面积不应大于总钢筋截面面积的 25%。设置在受压区，接头不受此限。

5）预制构件的吊环严禁采用冷轧扭钢筋制作。

（2）冷轧扭钢筋混凝土构件的施工

1）冷轧扭钢筋混凝土构件的模板工程、混凝土工程，应符合现行国家标准《混凝土结构工程施工规范》GB 50666—2011 的规定。

2）严禁采用对冷轧扭钢筋有腐蚀作用的外加剂。

3）冷轧扭钢筋的铺设应平直，其规格、长度、间距和根数应符合设计要求，并应采取措施控制混凝土保护层厚度。

4）钢筋网片、骨架应绑扎牢固。双向受力网片每个交叉点均应绑扎；单向受力网片除外边缘网片应逐点绑扎外，中间可隔点交错绑扎。绑扎网片和骨架的外形尺寸允许偏差应符合表 3-5 的规定。

绑扎网片和绑扎骨架外形尺寸允许偏差（mm） 表 3-5

项目	允许偏差
网片的长和宽	±25
网眼尺寸	±15
骨架高和宽	±10
骨架长	±10

5）叠合薄板构件脱模时混凝土强度等级应达到设计强度的 100%。起吊时应先消除吸附力，然后平衡起吊。

6）预制构件堆放场地应平整坚实，不积水。板类构件可叠层堆放，用于两端支承的垫木应上下对齐。

7）Ⅲ型冷轧扭钢筋（CTB550 级）可用于焊接网。

4. 无粘结预应力钢筋

　　无粘结预应力筋是以专用防腐润滑脂作涂料层，由聚乙烯（或聚丙烯）塑料作护套的钢绞线或光面钢丝束制作而成的。无粘结预应力筋按钢筋种类和直径分类有三种：ϕ12 的钢绞线、ϕ15 的钢绞线和 7ϕ5 的光面钢丝束，形状如图 3-5 所示。

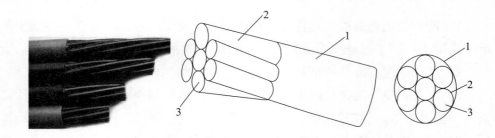

图 3-5　无粘结预应力筋

1—塑料护套；2—防腐润滑脂；3—钢绞线（或高强钢丝束）

5. 高强光面钢丝

　　螺旋肋钢丝外形如图 3-6 所示。三面刻痕钢丝外形如图 3-7 所示。

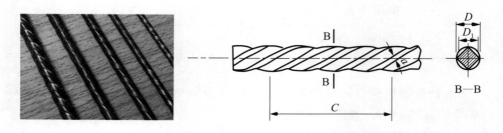

图 3-6　三面刻痕钢丝外形示意图

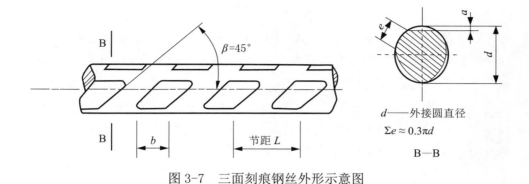

图 3-7 三面刻痕钢丝外形示意图

d——外接圆直径
$\Sigma e \approx 0.3\pi d$

B—B

6. 钢绞丝

用两根钢丝捻制的钢绞线	1×2
用三根钢丝捻制的钢绞线	1×3
用三根刻痕钢丝捻制的钢绞线	1×3 I
用七根钢丝捻制的标准型钢绞线	1×7
用七根钢丝捻制又经模拔的钢绞线	（1×7）C

第二节 钢筋的力学性能

1. 抗拉性能

钢筋的抗拉性能，一般是以钢筋在拉力作用下的应力—应变图来表示。热轧钢筋具有软钢性质，有明显的屈服点，其应力—应变关系如图 3-8 所示。

（1）弹性阶段

图中的 OA 段，施加外力时，钢筋伸长；除去外力，钢筋恢复到原来的长度。这个阶段称为弹性阶段，在此段内发生的变形称为弹性变形。A 点所对应的应力叫作弹性极限或比例极限，用 σ_p 表示。OA 呈直线状，表明在 OA 阶段内应力与应变的比值为一常数，此常数被称为弹性模量，用符号 E 表示。弹性模量 E 反映了材料抵抗弹性变形的能力。工程上常用的 HPB300 级钢筋，其弹性模量 $E＝（2.0～2.1）\times 10^5 N/mm^2$。

（2）屈服阶段

图中的 $B_上B$ 段。应力超过弹性阶段，达到某一数值时，应力与应变不再成正比关系，在 $B_下B$ 段内图形呈锯齿形，这时应力在一个很小范围内波动，而应变却自动增长，犹如停止了对外力的抵抗，或者说屈服于外力，所以叫作屈服阶段。

钢筋到达屈服阶段时，虽尚未断裂，但一般已不能满足结构的设计要求，所以设计时是以这一阶段的应力值为依据，为了安全起见，取其下限值。这样，屈服下限也叫屈服强度或屈服点，用"R_{e1}"表示。如 HPB300 级钢筋的屈服强度（屈服点）为不小于 $300N/mm^2$。

（3）强化阶段（BC 段）

经过屈服阶段之后，试件变形能力又有了新的提高，此时变形的发展虽然很快，但它是随着应力的提高而增加的。BC 段称为强化阶段，对应于最高点 C 的应力称为抗拉强度，用"R_m"表示。如：HPB300 级钢筋的抗拉强度 $R_m \geqslant 370N/mm^2$。

屈服点 R_{e1} 与抗拉强度 R_m 的比值叫屈强比。屈强比 R_{e1}/R_m 愈小，表明钢材在超过屈服点以后的强度储备能力愈大，则结构的安全性愈高，但屈强比太小，则表明钢材的利用率太低，造成钢材浪费。反之屈强比大，钢材的利用率虽然提高了，但其安全可靠性却降低了。HPB300 级钢筋的屈强比为 0.71 左右。

（4）颈缩阶段（CD）

如图 3-8 中的 CD 段，当试件强度达到 C 点后，其抵抗变形的能力开始有明显下降，试件薄弱部件的断面开始出现显著缩小，此现象称为颈缩，如图 3-9 所示。试件在 D 点断裂，故称 CD 段为颈缩阶段。

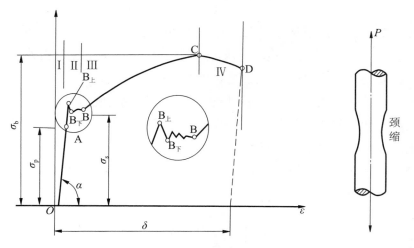

图 3-8　软钢受拉时的应力—应变图　　　　图 3-9　颈缩现象示意图

硬钢（高碳钢—余热处理钢筋和冷拔钢丝）的应力—应变曲线，如图 3-10 所示。从图上可看出其屈服现象不明显，无法测定其屈服点。一般以发生 0.2% 的残余变形时的应力值当作屈服点，用"$\sigma_{0.2}$"表示，$\sigma_{0.2}$ 也称为条件屈服强度。

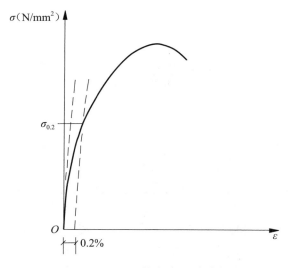

图 3-10　硬钢的应力—应变图

2. 塑性变形

通过钢材受拉时的应力—应变图，可对其延性（塑性变形）性能进行分析。钢筋的延性必须满足一定的要求,才能防止钢筋在加工时弯曲处出现毛刺、裂纹、翘曲现象及构件在受荷过程中可能出现的脆裂破坏。

影响延性的主要因素是钢筋材质。热轧低碳钢筋强度虽低但延性好。随着加入合金元素和碳当量加大，强度提高但延性减小。对钢筋进行热处理和冷加工同样可提高强度，但延性降低。

钢筋的延性通常用拉伸试验测得的断后伸长率和截面收缩率表示。

1）断后伸长率用 A 表示，它的计算公式为

$$A=\frac{标距长度内总伸长值}{标距长度\ l}\times100\%$$

由于试件标距的长度不同，故断后伸长率的表示方法也不一样。一般热轧钢筋的标距取 10 倍钢筋直径长和 5 倍钢筋直径长，其断后伸长率用 A_{10} 和 A_5 表示。钢丝的标距取 100 倍直径长，则用 A_{100} 表示。钢绞线标距取 200 倍直径长，则用 A_{200} 来表示。

断后伸长率是衡量钢筋（钢丝）塑性性能的重要指标，断后伸长率越大，钢筋的塑性越好。

2）断面收缩率其计算公式为

$$断面收缩率=\frac{试件的原始横截面面积-试件拉断后断口颈缩处横截面面积}{试件的原始横截面面积}\times100\%$$

3. 冲击韧度

冲击韧度是指钢材抵抗冲击荷载的能力。其指标是通过标准试件的弯曲冲击韧度试验确定的。试验以摆锤打击刻槽的试件，于刻槽处将其打断，以试件单位截面面积上打断时所消耗的功作为钢材的冲击韧度值。

其计算公式为

$$冲击韧度值 = \frac{冲断试件所消耗的功}{试件断口处的横截面面积}$$

钢材的冲击韧度是衡量钢材质量的一项指标，冲击韧度越大，表明钢材的冲击韧度越好。

4. 耐疲劳性

构件在交变荷载的反复作用下，钢筋往往在应力远小于抗拉强度时，发生突然的脆性断裂，这种现象叫作疲劳破坏。

疲劳破坏的危险应力用疲劳极限（σ_r）来表示。它是指疲劳试验中，试件在交变荷载的反复作用下，在规定的周期基数内不发生断裂所能承受的最大应力。钢筋的疲劳极限与其抗拉强度有关，一般抗拉强度高，其疲劳极限也较高。由于疲劳裂纹是在应力集中处形成和发展的，故钢筋的疲劳极限不仅与其内部组织有关，也和其表面质量有关。

测定钢筋的疲劳极限时，应当根据结构使用条件确定所采用的应力循环类型、应力比值（最小与最大应力之比）和循环基数。通常采用的是承受大小改变的拉应力大循环，非预应力筋的应力比值通常为 $0.1 \sim 0.8$，预应力筋的应力比值通常为 $0.7 \sim 0.85$；循环基数一般为 200 万次或 400 万次以上。

5. 冷弯性能

冷弯性能是指钢筋在常温（20 ± 3）℃条件下承受弯曲变形的能力。钢筋冷弯是考核钢筋的塑性指标，也是钢筋加工所需的。钢筋弯折、做弯钩时应避免钢筋产生裂纹和折断。低强度的热轧钢筋冷弯性能较好，强度较高的稍差，冷加工钢筋的冷弯性能最差。

冷弯性能指标通过冷弯试验确定，常用弯曲角度（α）以及弯心直径（d）对试件的厚度或直径（a）的比值来表示。弯曲角度越大，弯心直径对试件厚度或直径的比值越小，表明钢筋的冷弯性能越好，如图 3-11 所示。

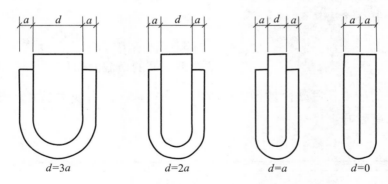

$d=3a$ $d=2a$ $d=a$ $d=0$

图 3-11　钢筋冷弯示意图

按规定的弯曲角度和弯心直径进行试验,试件的弯曲处不产生毛刺、裂纹、裂断和起层, 即认为冷弯性能合格。

6. 焊接性能

在建筑工程中, 钢筋骨架、接头、预埋件连接等, 大多数是采用焊接的, 因此要求钢筋应具有良好的可焊性。

钢材的可焊性是指被焊钢材在采用一定焊接材料、焊接工艺条件下,获得优质焊接接头的难易程度,也就是钢材对焊接加工的适应性。它包括以下两个方面:

1) 工艺焊接性。工艺焊接性也就是接合性能,指在一定焊段工艺条件下焊接接头中出现各种裂纹及其他工艺缺陷的敏感性和可能性,这种敏感性和可能性越大, 则其工艺焊接性越差。

2) 使用焊接性。指在一定焊接条件下焊接接头使用要求的适应性,这种适应性和使用可靠性越大, 则其使用焊接性越好。

钢筋的化学成分对钢筋的焊接性能和其他性能有很大的影响。

①碳（C）:钢筋中含碳量的多少,对钢筋的性能有决定性的影响。含碳量增加时, 强度和硬度提高,但塑性和韧性降低;焊接和冷弯性能也降低;钢的冷脆性提高。

②硅（Si）:在含量小于 1% 时,可显著提高钢的抗拉强度、硬度、抗蚀性能、提高湿氧化能力。但含量过高, 则会降低钢的塑性和韧性及焊接性能。

③锰（Mn）:能显著地提高钢的屈服点和抗拉强度,改善钢的热加工性能,

故锰的含量不应低于标准规定。它是生产低合金钢的主要元素。

④磷（P）：磷是钢材的有害元素，显著地降低了钢的塑性、韧性和焊接性能。

⑤硫（S）：硫也是钢材的有害元素，能显著降低钢的焊接性能、力学性能、抗蚀性能和疲劳强度，使钢变脆。

钢材的可焊性常用碳当量法来估计。碳当量法就是根据钢材的化学成分与焊接热影响区淬硬性的关系，粗略地评价焊接时产生冷裂纹的倾向和脆化倾向的一种估算方法。

碳素钢和低合金结构钢常用的碳当量 C_{eq} 计算公式为：

$$C_{eq}=C+\frac{Mn}{6}+\frac{Cr+Mo+V}{5}+\frac{Ni+Cu}{15}(\%)$$

式中右边各项中的元素符号表示钢材化学成分中的元素含量(%)。C—碳；Mn—锰；Cr—铬；Cu—铜；Mo—钼；V—钒；Ni—镍。

焊接性能随碳当量百分比的增高而降低。国家标准规定不大于 0.55% 时，认为是可焊的。根据我国经验，碳素钢和低合金结构钢，当碳当量 C_{eq} < 0.4% 时，焊接性能优良；当碳当量 C_{eq} = 0.4% ～ 0.55% 时，焊接时需预热和控制焊接工艺；当碳当量 C_{eq} > 0.55% 时，难焊。

第三节 钢筋的检验与保管

1. 钢筋的检验

钢筋质量的优劣，直接影响构件的安全性和使用寿命。为此，在构件的施工中加强对钢筋原材料的检验就显得尤其重要。

（1）检验要求

对钢筋混凝土结构中所使用的钢筋，其验收要求为：

1）钢筋都应有出厂质量证明书或试验报告单。

2）每捆（盘）钢筋均应有标牌。

3）钢筋进场时应按批号及直径分批验收，每批重量不超过 60t。

（2）检验内容

对钢筋进行全面检查，合格后才能使用，其检查内容主要包括：

1）核查标牌。

2）外观检查。

3）抽样作力学检验。

（3）检验操作顺序

1）仔细查对钢筋上的标牌。

2）对钢筋进行外观检查，其检查要求为：

①钢筋表面不得有结疤、裂缝和褶皱。

②钢筋表面的凸块不得超过螺纹的高度。

③钢筋外形尺寸应符合技术标准的要求。

3）用力学方法检验钢筋，其操作步骤是：

①从每批钢筋中任选两根钢筋，每根取两个试样分别进行拉伸试验和冷弯试验。

②如有一项试验不符合规定，则从同批钢筋中再抽取双倍数量的试样重做上述试验。

③如仍有一个试样不合格，则该批钢筋定为不合格产品。

2. 钢筋的进场验收

（1）钢筋的鉴别

1）涂色鉴别

为了使品种繁多的钢筋，在运输保管的过程中不产生混淆，除根据外形鉴别之外，外形相似的钢筋可以在端部涂色标记。具体方法如下：

① HPB300 级钢筋：涂红色，外形为圆形；

② HRB335 级钢筋：不涂色，外形为月牙纹；

③ HRB400 级钢筋：涂白色，外形为月牙纹；

④ HRB500 级钢筋：涂黄色，外形为等高肋。

2）火花试验鉴别

如钢筋经过多次运输或其他原因，造成标记涂色不清，难以分辨时，可以用火花试验加以区别。方法是：将被试验的钢筋放在砂轮上，在一定的压力下打出火花，通过火花的形状、流线、颜色等的不同来鉴别钢筋的品种。

（2）钢筋的进场验收项目

1）钢筋出厂质量标准合格证的验收。钢筋质量合格证是由钢筋生产厂质量检验部门提供给用户单位，用以证明其产品质量的证件。其内容包括：钢种、规格、数量、机械性能、化学成分的数据及结论，出厂日期、检验部门的印章、合格证的编号等，其样式见表3-6。

钢筋质量合格证　　　　表 3-6

钢种	钢号	规格	数量	化学成分（%）					机械性能			
				碳	硅	锰	磷	硫	屈服点（MPa）	抗拉强度（MPa）	伸长率（%）	冷弯

供应单位：　　　备注：　　　厂检验部门：　　　签章：　　　日期：　年　月　日

钢筋的质量关系到建筑物的安全使用，所以合格证必须填写齐全，不得漏填或错填。钢筋进场，经外观检验合格后，由技术员、材料员分别在合格证上签字，注明使用部位后交资料员保管。

2）进场钢筋的外观质量检验。钢筋的外观质量每批抽取 5% 的钢筋进行检查，检查结果应符合相关标准的要求。

3）钢筋试验。钢筋的外观项目包括物理试验（拉力试验和冷弯试验）和化学试验（主要分析碳、硫、磷、锰、硅的含量）。

（3）进场钢筋的外观检查

1）工程所用的钢筋应逐批进行检查，钢筋的级别、型号、形状、尺寸及数量必须与设计图纸及钢筋配料单相同，应认真核对，保证与所使用部位相符合。

2）钢筋应平直、无损伤，表面不得有裂缝、折叠、结疤及夹杂。若工程无特殊要求，盘条钢筋允许有压痕及局部的凸块、凹块、划痕、麻面，但其深度或高度（从实际尺寸算起）不得大于 0.20mm，带肋钢筋表面凸块，不得超过横肋高度，钢筋表面上其他缺陷的深度和高度不得大于所在部位尺寸的允许偏差，冷拉钢筋不得有局部缩颈。对于有明显外观缺陷的钢筋要针对不同的情况进行技术处理，不得随意使用。

3）钢筋表面应洁净，不得有油污、颗粒状或片状老锈。对于有油渍、漆污和铁锈的钢筋应在使用前用钢丝刷清除干净，否则应降级使用或另作处置，以免影响钢筋的强度和锚固性能。

4）钢筋进场存放了较长的一段时间，在使用前，应对外观质量进行全数检查。弯折过的钢筋不得敲直后作为受力钢筋使用。

5）带肋钢筋表面标志应清晰明了，符合下列规定：

①带肋钢筋应在其表面轧上牌号标志，还可依次轧上厂名（或商标）和直径（mm）数字。

②钢筋牌号以阿拉伯数字表示，HRB335、HRB400、HRB500 对应的阿拉伯数字分别为 2、3、4。厂名以汉语拼音字头表示。直径（mm）数以阿拉伯数字表示。直径不大于 ϕ10mm 的钢筋，可不轧制标志，可采用挂标牌方法。

③标志应清晰明了，标志的尺寸由供方按钢筋直径大小作适当规定，与标志相交的横肋可以取消。

3. 钢筋的运输、存放与保管

（1）钢筋的运输与存放

1）每捆（盘）钢筋均应有标牌，标明钢筋级别、直径、炉罐批号及钢筋垛码号等。在运输和储存时，必须保留标牌（图3-12）。

图3-12　钢筋留标牌存放

2）钢筋存放场地应排水良好，下垫垫木支承，离地距离不少于200mm，以利通风，不得直接堆在地面上，防止钢筋锈蚀和污染（图3-13）。

图3-13　垫块

3）钢筋应按构件、规格、型号分别挂牌堆放，不能将几项工程的钢筋混放在一起，以免引起混乱，造成工程质量事故或影响工程进度。

4）钢筋堆垛之间应留出通道，以利于查找、取运和存放。

5）预应力钢筋在运输的过程中必须用油布遮盖，存放时应架空堆积在有遮盖的仓库或料棚内（当条件不具备时，应选择地势较高、土质坚硬、较为平坦的露天场地堆放），其周围环境不得有腐蚀介质（图3-14）。

图3-14 料棚

（2）钢筋的保管

钢筋运到使用地点后，必须妥善保存和加强管理，否则会造成极大的浪费和损失。

钢筋入库时，材料管理人员要详细检查和验收；在分捆发料时，一定要防止钢筋窜捆。分捆后应随时复制标牌，并及时捆扎牢固，以避免错用。

钢筋在储存时应做好保管工作，其保管注意事项如下：

1）钢筋入库要点数验收，要认真检查钢筋的规格、等级和牌号。库内应划分不同品种、规格的钢筋堆放区域。每垛钢筋应立标签，每捆钢筋上应挂标牌；标牌和标签应标明钢筋的品种、等级、直径、技术证明书编号及数量等。

2）钢筋应尽量放在仓库或料棚内。当条件不具备时，应选择地势较高、土质坚实、较为平坦的露天场地堆放。在仓库、料棚或场地周围，应有一定的排水设施，以利排水。钢筋垛下要垫以枕木，使钢筋离地不小于20cm。也可用钢筋存放架存放。

3）钢筋不得和酸、盐、油等类物品存放在一起。存放地点应远离产生有害气体的车间，以防止钢筋腐蚀。

4）钢筋存储量应和当地钢材供应情况、钢筋加工能力及使用量相适应，周转期应尽量缩短，避免存储期过长，否则既占压资金，又易使钢筋发生锈蚀。

由于建筑施工中使用的钢筋数量比较大，在钢筋加工后需要有规则的码放与妥善的保管。在建筑施工现场，建筑的各种构件根据施工设计要求有着非常复杂的各种编号的钢筋需要加工。

第四节 钢筋加工机具

1. 手工工具

（1）手摇扳手

在缺少机具设备的条件下，可以采用手摇扳手弯制细钢筋，卡盘与扳头弯制粗钢筋。手动弯曲工具的尺寸见表3-7、表3-8。

手摇扳手主要尺寸   表3-7

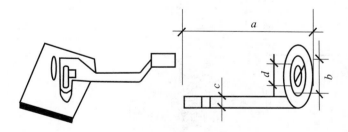

项次	钢筋直径（mm）	a（mm）	b（mm）	c（mm）	d（mm）
1	6	500	18	16	16
2	8～10	600	22	18	20

卡盘与扳头（横口扳手）主要尺寸　　　　　表 3-8

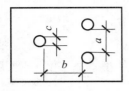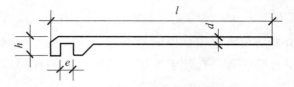

项次	钢筋直径（mm）	卡盘（mm）			扳头（mm）			
		a	b	c	d	e	h	l
1	12～16	50	80	20	22	18	40	1200
2	18～22	65	90	25	28	24	50	1350
3	25～32	80	100	30	38	34	76	2100

（2）钢丝钩

钢丝钩的基本形状如图 3-15 所示，是主要的钢筋绑扎工具，用 $\phi 12$～$\phi 16$、长度为 160～200mm 的圆钢筋制作。根据工程需要可在其尾部加上套管、小扳口等形式的钩子。

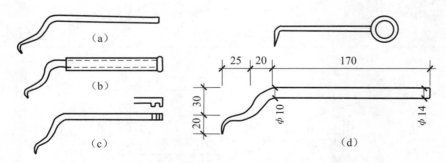

图 3-15　钢丝钩

（3）小撬棍

小撬棍形状如图 3-16 所示，用来调整钢筋间距、矫直钢筋的部分弯曲或放置保护层水泥垫块时撬动钢筋等。

图 3-16　小撬棍

2. 钢筋调直切断机具

如果用未经调直的钢筋来断料，断料钢筋的长度很可能不准确，从而会影响到钢筋成型、绑扎、安装等一系列工序的准确性，因此钢筋调直是钢筋加工不可缺少的工序。

钢筋调直有手工调直和机械调直。细钢筋可采用调直机调直；粗钢筋可以采用锤直或扳直的方法。

钢筋调直切断机（图 3-17），这类设备适用冷拔低碳钢丝和直径不大于14mm 的细钢筋；粗钢筋也可以运用机械平直。根据国家施工规范规定，弯折钢筋不得调直后作为受力钢筋使用，因此，粗钢筋应注意在运输、加工、安装过程中的保护，弯折后经调直的粗钢筋，只能作为非受力钢筋使用。

图 3-17　钢筋调直切断机

（1）钢筋调直的操作要点

1）检查：每天工作前要先检查电气系统及其原件有无毛病，各种连接零件是否牢固可靠，各传动部分是否灵活，确认正常后方可进行试运转。

2）试运转：首先从空载开始，确认运转可靠之后才可以进料。试验调直和切断，首先要将盘条的端头捶打平直，然后再将它从导向套推进机器内（图3-18）。

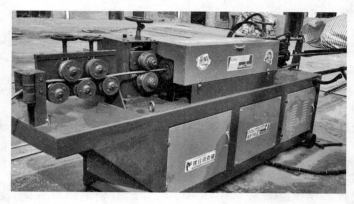

图 3-18　试运转

3）试断筋：为保证断料长度合适，应在机器开动后试断三四根钢筋检查，以便出现偏差能得到及时纠正。调整方法为调整限位开关或定时板。

（2）钢筋调直切断机的安全操作

1）料架、料槽须安装平直并对准导向筒、调直筒及下切刀孔的中心线。

2）应用手转动飞轮，用以检查传动机构及工作装置，调整间隙，紧固螺栓，在确定正常后启动空运转；检查轴承有无异响、齿轮啮合是否良好，等运转正常后方可作业。

3）按照所调直钢筋的直径，选用适当的调直块以及传动速度，经调试合格才能送料。

4）在调直块没有固定、防护罩没有盖好前不许送料。作业中，禁止打开各部防护罩以及调整间隙。

5）钢筋送入后，手与曳引轮一定要保持一定的距离，不能接近。

6）送料前要将不直的料切去，导向筒前装一根 1m 长的钢管，钢筋一定要穿过钢管后送入调直机前端的导孔内。

7）作业后，须松开调直筒的调直块并回到原来的位置，同时预压弹簧一定要回位。

8）使用后要做好清洁保养工作。

3. 钢筋机械连接机具

（1）带肋钢筋套筒径向挤压连接机具

带肋钢筋套筒径向挤压连接工艺是采用挤压机将钢套筒挤压变形，使之紧密地咬住变形钢筋的横肋，实现两根钢筋的连接（图3-19）。它适用于任何直径变形钢筋的连接，包括同径和异径（当套筒两端外径和壁厚相同时，被连接钢筋的直径相差应不大于5mm）钢筋。

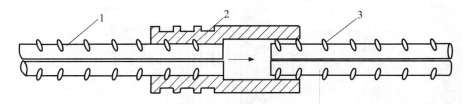

图 3-19　套筒挤压连接

1—已挤压的钢筋；2—钢套筒；3—未挤压的钢筋

（2）带肋钢筋套筒轴向挤压连接机具

钢筋轴向挤压连接，是采用挤压机和压模对钢套筒和插入的两根对接钢筋，沿其轴线方向进行挤压，使套筒咬合到变形钢筋的肋间，结合成一体（图3-20）。与钢筋径向挤压连接相同，其适用于同直径或相差一个型号直径的钢筋连接，如 $\phi 25$ 与 $\phi 28$、$\phi 28$ 与 $\phi 32$。

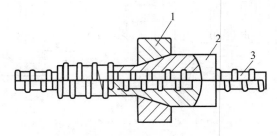

图 3-20　钢筋轴向挤压连接

1—压模；2—钢套筒；3—钢筋

（3）钢筋锥螺纹套筒连接机具

1）钢筋锥螺纹套丝机。用于加工 φ16 ～ φ40 的 HRB335、HRB400 级钢筋连接端的锥形外螺纹。常用的有 SZ-50A、GZL-40B 等。

2）量规。包括牙形规、卡规或环规、锥螺纹塞规，应由钢筋连接技术单位提供。

①牙形规：用于检查钢筋连接端锥螺纹的加工质量（图 3-21）。

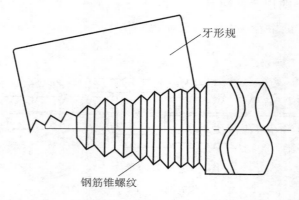

牙形规

钢筋锥螺纹

图 3-21　用牙形规检查牙形

②卡规或环规：用于检查钢筋连接端锥螺纹小端直径（图 3-22）。

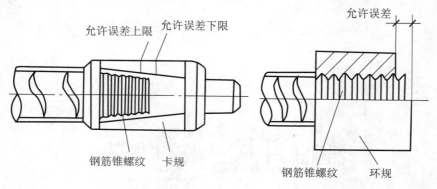

允许误差上限　允许误差下限

允许误差

钢筋锥螺纹　卡规

钢筋锥螺纹　环规

图 3-22　卡规与环规检查小端直径

③锥螺纹塞规：用于检查连接套筒锥形内螺纹的加工质量（图 3-23）。

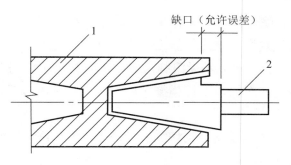

图 3-23 锥螺纹塞规检查连接套筒锥形内螺纹的加工质量

1—锥螺纹套筒；2—塞规

（4）GK 型锥螺纹钢筋连接机具

GK 型锥螺纹接头是在钢筋连接端加工前，先对钢筋连接端部沿径向通过压模施加压力，使其产生塑性变形，形成一个圆锥体。然后，按普通锥螺纹工艺，将顶压后的圆锥体加工成锥形外螺纹，再穿入带锥形内螺纹的钢套筒，用力矩扳手拧紧，即可完成钢筋的连接。

由于钢筋端部在预压塑性变形过程中，预压变形后的钢筋端部材料因冷硬化而使强度比钢筋母材可提高 10% ～ 20%，因而使锥螺纹的强度也相应得到提高，弥补了因加工锥螺纹减小钢筋截面而造成接头承载力下降的缺陷，从而可提高锥螺纹接头的强度。

在不改变主要工艺的前提下，可使锥螺纹接头部位的强度大于钢筋母材的实测极限强度。GK 型锥螺纹接头性能可满足 A 级要求。

（5）钢筋冷镦粗直螺纹套筒连接机具

冷镦粗直螺纹钢筋接头是通过冷镦粗设备，先将钢筋连接端头冷镦粗，再在镦粗端加工成直螺纹丝头，然后，将两根已镦粗套丝的钢筋连接端穿入配套加工的连接套筒，旋紧后，即成为一个完整的接头。

该接头的钢筋端部经冷镦后不仅直径增大，使加工后的丝头螺纹底部最小直径不小于钢筋母材的直径；而且钢材冷镦后，还可提高接头部位的强度。因此，该接头可与钢筋母材等强，其性能可达到 SA 级要求。

钢筋冷镦粗直螺纹套筒连接适用于钢筋混凝土结构中 $\phi16 \sim \phi40$ 的 HRB335、HRB400 级钢筋的连接。

由于冷镦粗直螺纹钢筋接头的性能指标可达到 SA 级（等强级）标准，因此，适用于一切抗震和非抗震设施工程中的任何部位。必要时，在同一连接范围内钢筋接头数目，可以不受限制。如：钢筋笼的钢筋对接；伸缩缝或新老结构连接部位钢筋的对接以及滑模施工的筒体或墙体与以后施工的水平结构（如梁）的钢筋连接等。

1）机具设备：机具设备包括切割机、液压冷锻压床、套丝机（图 3-24）、普通扳手及量规。

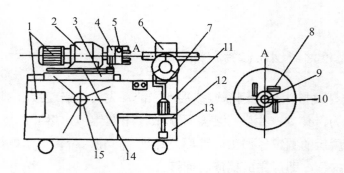

图 3-24　GSJ—40 套丝机示意图

1—电动机及电气控制装置；2—减速机；3—拖板及导轨；4—切削头；5—调节蜗杆；
6—夹紧虎钳；7—冷却系统；8—刀具；9—限位顶杆；10—对刀芯棒；11—机架；
12—金属滤网；13—水箱；14—拨叉手柄；15—手轮

2）接头分类：接头的分类详见表 3-9。

接头的分类　　　　　　　　　　　　　　表 3-9

分类		图示	说明
按接头使用要求分类	标准型	（1） （2） （3） （4）	用于钢筋可自由转动的场合。利用钢筋端头相互对顶力锁定连接件，可选用标准型或变径型连接套筒

续表

分类		图示	说明
按接头使用要求分类	加长型	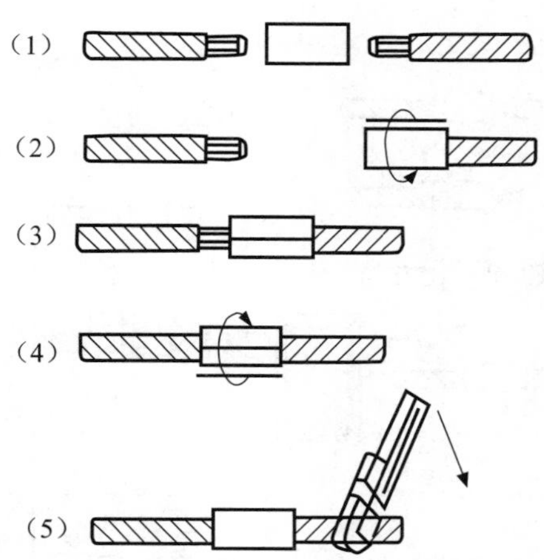 (1) (2) (3) (4) (5)	用于钢筋过于长而密集，不便转动的场合。连接套筒预先全部拧入一根钢筋的加长螺纹上，再反拧入被接钢筋的端螺纹，转动钢筋 1/2～1 圈即可锁定连接件，可选用标准型连接套筒
	加锁母型	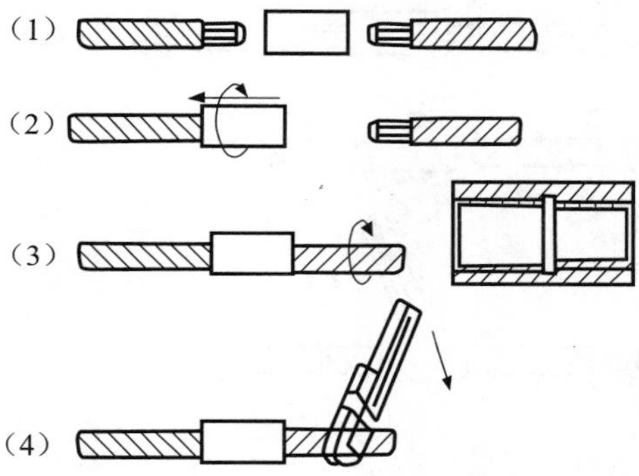 (1) (2) (3) (4)	用于钢筋完全不能转动，如弯折钢筋以及桥梁灌注桩等钢筋笼的相互对接。将锁母和连接套筒预先拧入加长螺纹，再反拧入另一根钢筋端头螺纹，用锁母锁定连接套筒。可选用标准型或扩口型连接套筒加锁母
	正反螺纹型	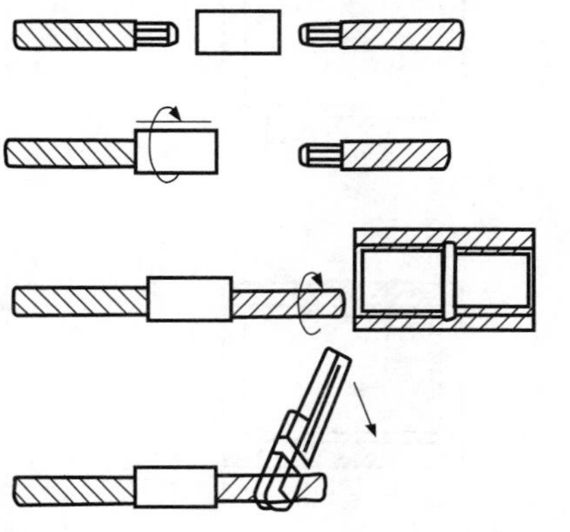	用于钢筋完全不能转动而要求调节钢筋内力的场合，如施工缝、后浇带等。连接套筒带正反螺纹，可在一个旋合方向中松开或拧紧两根钢筋，应选用带正反螺纹的连接套筒

分类		图示	说明
按接头使用要求分类	扩口型	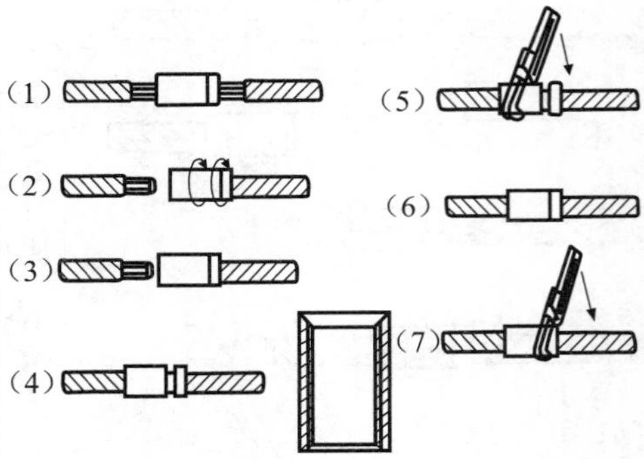 (1) (2) (3) (4) (5) (6) (7)	用于钢筋较难对中的场合，通过转动套筒连接钢筋
	变径型	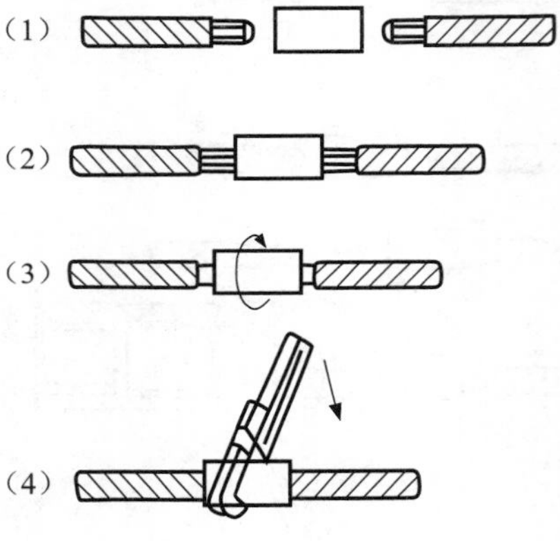 (1) (2) (3) (4)	用于连接不同直径的钢筋
按接头套筒分类	标准型套筒	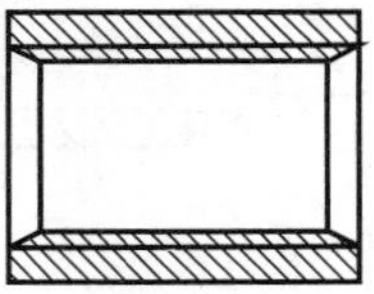	带右旋等直径内螺纹，端部两个螺距带有锥度
	扩口型套筒	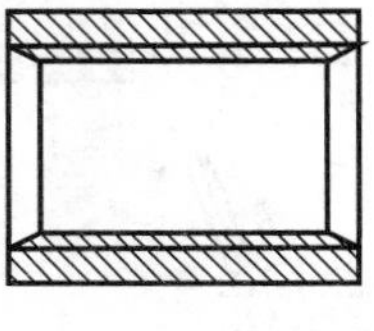	带右旋等直径内螺纹，一端带有 45° 或 60° 的扩口，以便于对中入扣

续表

分类	图示	说明
变径型套筒	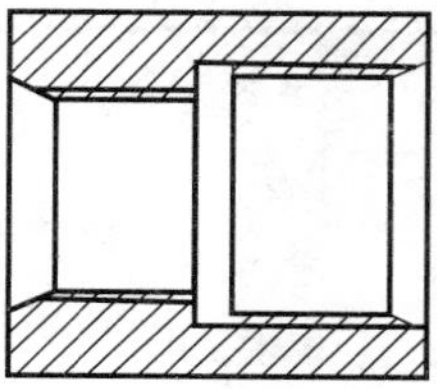	带右旋两端具有不同直径的内直螺纹，用于连接不同直径的钢筋
正反扣型套筒	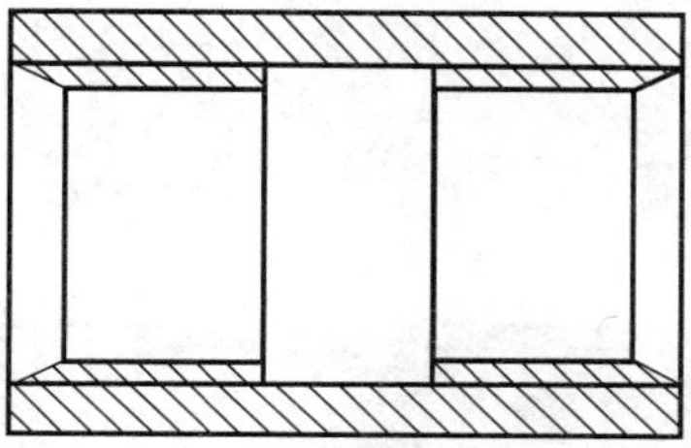	套筒两端各带左、右旋等直径内螺纹，用于钢筋不能转动的场合
可调型套筒	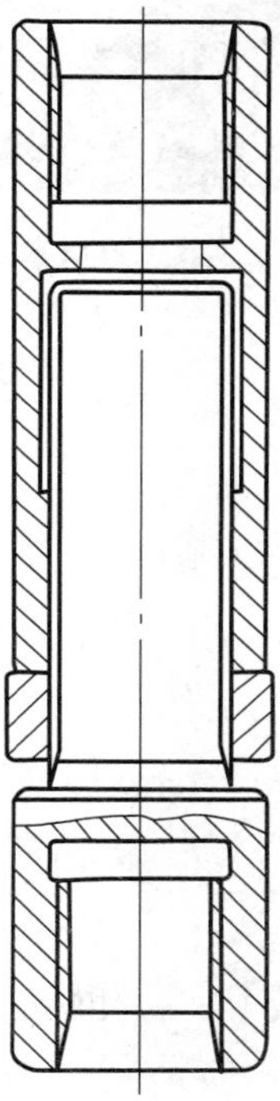	套筒中部带有加长型调节螺纹，用于钢筋轴向位置不能移动且不能转动时的连接

按接头套筒分类

4. 钢筋弯曲成型机具

（1）构造和工作原理

1）蜗轮蜗杆式钢筋弯曲机如图3-25所示。

图3-25　蜗轮蜗杆式弯曲机

工作原理：电动机动力经 V 带轮、两对直齿轮及蜗轮蜗杆减速后，带动工作盘旋转。工作盘上一般有9个轴孔，中心孔用来插中心轴，周围的8个孔用来插成形轴和轴套。在工作盘外的两侧还有插入座，各有6个孔，用来插入挡铁轴。为了便于移动钢筋，各工作台的两边还设有送料辊。工作时，根据钢筋弯曲形状，将钢筋平放在工作盘中心轴和相应的成形轴之间，挡铁轴的内侧。当工作盘转动时，钢筋一端被挡铁轴阻止不能转动，中心轴位置不变，而成形轴则绕中心轴作圆弧转动，将钢筋推弯，钢筋弯曲过程如图3-26所示。

由于规范规定，当作180°弯钩时，钢筋的圆弧弯曲直径应不小于钢筋直径的2.5倍。因此，中心轴也相应地制成16～100mm，共9种不同规格，以适应弯曲不同直径钢筋的需要。

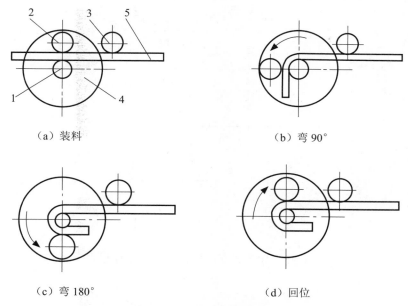

（a）装料　　　　　　　　　（b）弯90°

（c）弯180°　　　　　　　　（d）回位

图 3-26　钢筋弯曲过程示意

1—中心轴；2—成形轴；3—挡铁轴；4—工作盘；5—钢筋

2）齿轮式钢筋弯曲机如图 3-27 所示。

工作原理如图 3-28 所示，由一台带制动的电动机带动工作盘旋转。工作机构中左、右两个插入座可通过手轮无级调节，并和不同直径的成形轴及装料装置配合，能适应各种不同规格的钢筋弯曲成形。角度的控制是由角度预选机构和几个长短不一的限位销相互配合而实现的。当钢筋被弯曲到预选角度，限位销触及行程开关，使电动机停机并反转，恢复到原位，完成钢筋弯曲工序。此外，电气控制系统还具有点动、自动状态、双向控制、瞬时制动、事故急停及系统短路保护、电动机过热保护等特点。

图 3-27　齿轮式钢筋弯曲机

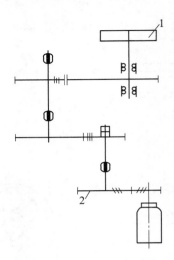

图 3-28　齿轮式弯曲机传动系统工作原理

1—工作盘；2—减速器

3）钢筋弯箍机如图 3-29 所示。

工作原理：电动机动力通过一双带轮和两对直齿轮减速，使偏心圆盘转动。偏心圆盘通过偏心铰带动两个连杆，每个连杆又铰接一根齿条，于是齿条沿滑道作往复直线运动。齿条又带动齿轮使工作盘在一定角度内作往复回转运动。工作盘上有两个轴孔，中心孔插中心轴，另一孔插成形轴。当工作盘转动时，中心轴和成形轴都随之转动，和钢筋弯曲机同一原理，能将钢筋弯曲成所需的箍筋。

图 3-29　钢筋弯箍机

4）液压式钢筋切断弯曲机是运用液压技术对钢筋进行切断和弯曲成型的两用机械，自动化程度高，操作方便。

如图 3-30 所示，主要由液压传动系统、切断机构、弯曲机构、电动机、机体等组成，其结构及原理如图 3-30 所示。

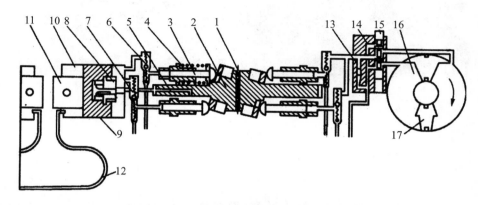

图 3-30　液压式钢筋切断弯曲机结构及原理

1—双头电动机（略）；2—轴向偏心泵轴；3—油泵柱塞；4—弹簧；5—中心油孔；
6、7—进油阀；8—中心阀柱；9—切断活塞；10—油缸；11—切刀；12—板弹簧；
13—限压阀；14—分配阀体；15—滑阀；16—回转油缸；17—回转叶片

工作原理：由一台电动机带动两组柱塞式液压泵，一组推动切断活塞；另一组驱动回转液压缸，带动弯曲工作盘旋转。

①切断机构的工作原理。在切断活塞中间装有中心阀柱及弹簧，当空转时，由于弹簧的作用，使中心阀柱离开液压缸的中间油孔，高压油则从此也经偏心轴油道流回油箱。在切断时，以人力推动活塞，使中心阀柱堵死液压缸的中心孔，此时由柱塞泵来的高压油经过油阀进入液压缸中，产生高压推动活塞运动，活塞带动切刀进行切筋。此时压力弹簧的反推力作用大于液压缸内压力，阀柱便退回原处，液压油又沿中心油孔的油路流回油箱。切断活塞的回程是依靠板弹簧的回弹力来实现。

②弯曲机构的工作原理。进入组合分配阀的高压油，由于滑阀的位置变换，可使油从回转油缸的左腔进油或右腔进油而实现油缸的左右回转。当油阀处于中间位置时，压力油流回油箱。当油缸受阻或超载时，油压迅速增高，自动打开限压阀，压力油流回油箱，以确保安全。

5）由计算机控制的全自动化的钢筋成型机如图 3-31 所示。它集钢筋调直、除锈、切断和快速弯曲成型等功能为一体，具有功能全、速度快、质量高、全自动化等特点，同时也大大减轻了钢筋工的劳动强度，增强了施工效率。

图 3-31　全自动化钢筋成型机

（2）钢筋弯曲机的使用

钢筋弯曲前应先画线（图 3-32），形状复杂的钢筋应根据钢筋外包尺寸，扣除弯曲调整值，从相邻两段长度中各扣一半，以保证弯曲成型后外包尺寸准确。

图 3-32　画线

常用的钢筋弯曲机为 GW40，其可弯曲钢筋最大公称直径为 40mm。此外，还有 GW12、GW20、GW25、GW32、GW50、GW65 等，型号的数字标志为该型号弯曲机可弯曲钢筋的最大直径。各种钢筋弯曲机可弯曲钢筋直径是按抗拉强度为 450N/mm² 的钢筋取值的，对于级别较高、直径较大的钢筋，如果用 GW40 型钢筋弯曲机不能胜任，就可采用 GW50 型来弯曲。

更换传动轮可使工作盘得到三种转速，弯曲直径较大的钢筋，必须使转速放慢，以免损坏设备。在不同转速的情况下，一次最多能弯曲的钢筋根数，应根据其直径的大小按弯曲机说明书的要求进行。

操作前，要对机械各部件进行全面检查以及试运转；并查点齿轮、轴套等设备是否齐全；要熟悉倒顺开关的使用方法以及所控制的工作盘旋转方向，使钢筋的放置与成型轴、挡铁轴的位置相映配合。

使用钢筋弯曲机时，应先做试弯以摸索规律。钢筋在弯曲机上进行弯曲时，其形成的圆弧弯曲直径，是借助芯轴直径实现的，因此应根据钢筋粗细和所要求圆弧弯曲直径大小随时更换轴套。

为了适应钢筋直径和芯轴直径的变化，应在成型轴上加一个偏心套，以调节芯轴、钢筋和成型轴三者之间的关系（图3-33）。

图 3-33　芯轴、钢筋和成型轴

注：严禁在机械运转过程中更换芯轴、成型轴、挡铁轴，或进行清扫、注油。

弯曲较长的钢筋应有专人帮助扶持，帮助人员应听从指挥，不得任意推送（图3-34）。

图 3-34　弯曲较长钢筋专人帮扶

（3）操作要点

1）操作时要集中精力，熟悉倒顺开关控制工作盘的旋转方向，钢筋放置要和工作盘旋转方向相适应。在变换旋转方向时，要从正转——停车——倒转，不可直接从正——倒或从倒——正，而不在"停车"停留，更不可频繁变换工作盘旋转方向。

2）钢筋弯曲机应设专人操作，弯曲较长钢筋时，应有专人扶持。严禁在弯曲钢筋的作业半径内和机身不设固定销的一侧站人。弯曲好的半成品应及时堆放整齐，弯头不可朝上。

3）作业中不可更换中心轴、成形轴和挡铁轴，也不可在运转中进行维护和清理作业。

4）表3-10所列转速及最多弯曲根数仅适用于极限强度不超过450MPa的材料，如材料强度变更时，钢筋直径应相应变化。不可超过机械对钢筋直径、根数及转速的有关规定的限制。

不同转速的钢筋弯曲根数　　　　　　　　　　表3-10

钢筋直径（mm）	工作盘（主轴）转速（r/min）		
	3.7	7.2	14
	可弯曲钢筋根数		
6	—	—	6
8	—	—	5
10	—	—	5
12	—	5	
14	—	4	
19	3	—	不能弯曲
27	2	不能弯曲	不能弯曲
32～40	1	不能弯曲	不能弯曲

5）挡铁轴的直径和强度不可小于被弯钢筋的直径和强度。未经调直的钢筋禁止在弯曲机上弯曲。作业时，应注意放入钢筋的位置、长度和旋转方向。

6）为使新机械正常磨合，在开始使用的 3 个月内，一次最多弯曲钢筋的根数应比表 3-10 所列的数值少一根。最大弯曲钢筋的直径应不超过 25mm。

7）作业完毕要先将倒顺开关扳到零位，切断电源，将加工后的钢筋堆放好。

（4）钢筋弯曲机的维护

1）定期维护：钢筋弯曲机属于电动简易机具，其定期维护可分为每班维护和定期维护两级，定期维护间隔期为 400～600h，也可在工程竣工后或冬休期内进行。其维护要求见表 3-11 和表 3-12。

钢筋弯曲机每班维护作业项目及技术要求　　　　表 3-11

序号	维护部件	作业项目	技术要求
1	电气线路	检查	1）接线牢固，开关及磁力启动器灵敏可靠。 2）熔断器、接地装置良好
2	V 带	检查	1）各带松紧度一致。 2）用拇指按 V 带中间，挠度在 10～15mm
3	变速齿轮	检查	1）安装牢固，位置不偏移。 2）啮合良好，键槽不松旷
4	工作装置	检查	1）工作盘转动灵活，无卡阻现象。 2）挡板卡头安装牢固，无缺损
5	各连接件	检查、紧固	各连接螺栓无松紧、缺损
6	各运转部件	检查、察听	运转平稳，无异常振动及撞击声
7	整机	清洁、润滑	1）清除表面油污、尘土及杂物。 2）按润滑规定进行润滑作业

钢筋弯曲机定期维护作业项目及技术要求　　　　表 3-12

序号	维护部件	作业项目	技术要求
1	电器控制元件及电动机	拆检	1）各电器控制元件如有漏电、动作不灵敏等应予更换。 2）电动机内部清理，轴承松动应更换
2	V 带及 V 带轮	拆检	1）V 带如有磨损、开裂或松紧度不一应更换。 2）两 V 带轮应在同一平面内，径向和端面偏摆不超过 0.5mm
3	减速机构	拆检	1）蜗轮蜗杆表面无损伤，其侧向间隙应小于 1.5mm。 2）齿轮轴键槽不松旷，轴的弯曲度不超过 0.2mm。 3）齿轮表面无损伤，其侧向间隙应不大于 1.7mm
4	主轴及工作盘	拆检	主轴和工作盘的配合、轴套和轴键的配合如有松旷应修或换
5	行走轮及轴	拆检	1）清洗润滑轴承，更换磨损的轴承。 2）行走轮轴如弯曲应校正，机架变形应校正，框架如有开焊、弯曲应修复
6	机架	拆检	机架变形应校正，框架如有开焊、弯曲应修复
7	各连接件	拆检	配齐缺少损坏的螺栓、开口销、垫圈、油嘴、油杯等
8	整机	清洁、补漆、润滑	1）全机清洁，外表除锈并补漆。 2）按设备润滑表进行润滑

2）故障排除：钢筋弯曲机常见故障及排除方法见表 3-13。

钢筋弯曲机主要故障及排除方法　　　　表 3-13

故障现象	故障原因	排除方法
电机只有嗡嗡声，但不转	1）一相断电。 2）倒顺开关触头接触不良	1）接通电源。 2）修磨触点，使接触良好
弯曲$\phi 30$以上钢筋时无力	V 带松弛	调整 V 带轮间距使松紧适宜
运转吃力噪声过重	1）V 带过紧。 2）润滑部位缺油	1）调整 V 带松紧度。 2）加润滑油
运转时有异响	1）螺栓松动。 2）轴承松动或损坏	1）紧固螺栓。 2）检修或更换轴承

续表

故障现象	故障原因	排除方法
机械渗油漏油	1）蜗轮箱加油过多。 2）各封油部件失效	1）放掉过多的油。 2）用硝基油漆重新封死
工作盘只能一个方向转	换向开关失灵	断开总开关后检修
被弯曲的钢筋在滚轴处打滑	1）滚轴直径过小。 2）垫板的长度和厚度不够	1）选用较小的滚轴。 2）更换较长较厚的垫板
立轴上端过热	1）轴承润滑脂内有铁末或缺少润滑油。 2）轴承间隙过小	1）清洗、更换或加注润滑脂。 2）调整轴承间隙

5. 钢筋焊接机具

（1）钢筋电弧焊接机具

1）原理。钢筋电弧焊是以焊条作为一极，钢筋作为另一极，利用焊接电流通过产生的电弧高温，集中热量熔化钢筋端和焊条末端，使焊条金属过渡到熔化的焊缝内，金属冷却凝固后，便形成焊接接头。

2）焊接设备。电弧焊的主要设备是弧焊机，弧焊机可分为交流弧焊机和直流弧焊机两类。其中焊接整流器是一种将交流电变为直流电的手弧焊电源。这类整流器多用硅元件作为整流元件，故也称硅整流焊机。

（2）钢筋对焊工具

工程实践中，常用的钢筋对焊机的型号及额定的功率见表3-14。在工程中一般采用的是 UN—100 型杠杆传动式手工对焊机，它能焊接直径达 36mm 的钢筋，每小时可焊接头 30 个左右，全机重约 450kg。

钢筋对焊机 表 3-14

名称	型号	容量（kVA）	额定电压(V)	焊件截面面积（mm²）	用途
对焊机	UN—150	150	380	1500	
对焊机	UN—125	125	380	1200	主要用于建筑施工用 $\phi14 \sim \phi40$ 螺纹钢筋的闪光对焊
对焊机	UN—100	100	380	1000	
对焊机	UN—75	75	600	600	

（3）钢筋气压焊机具

钢筋气压焊，是采用一定比例的氧气和乙炔焰为热源，对需要接头的两钢筋端部接缝处进行加热烘烤，使其达到热塑状态，同时对钢筋施加 30 ~ 40MPa 的轴向压力，使钢筋顶锻在一起。

钢筋气压焊分敞开式和闭式两种。前者是将两根钢筋端面稍加离开，加热到熔化温度，加压完成的一种办法，属熔化压力焊；后者是将两根钢筋端面紧密闭合，加热到 1200 ~ 1250℃，加压完成的一种方法，属固态压力焊。目前，常用的方法为闭式气压焊，其机理是在还原性气体的保护下，加热钢筋，使其发生塑性流变后相互紧密接触,促使端面金属晶体相互扩散渗透，再结晶，再排列，进而形成牢固的对焊接头。

1）焊接设备：钢筋气压焊设备主要包括氧气和乙炔供气装置、加热器、加压器及钢筋卡具等（图 3-35）。辅助设备包括用于切割钢筋的砂轮锯、磨平钢筋端头的角向磨光机等。

2）材料：

①钢筋。必须有材质试验证明书，各项技术性能和质量应符合现行标准中的有关规定。当采用其他品种、规格钢筋进行气压焊时，应进行钢筋焊接性能试验，经试验合格后方准采用。

②氧气。所使用的气态氧（O_2）质量，应符合国家标准中规定的技术要求。

③乙炔。所使用的乙炔（C_2H_2），宜采用瓶装溶解乙炔，其质量应符合国

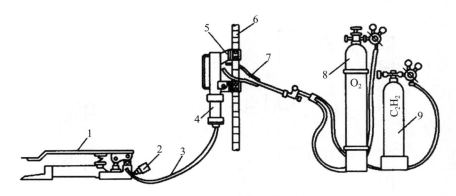

图 3-35　气压焊设备工作示意图

1—脚踏液压泵；2—压力表；3—液压胶管；4—油缸；5—钢筋卡具；
6—被焊接钢筋；7—多火口烤钳；8—氧气瓶；9—乙炔瓶

家标准《溶解乙炔》GB 6819—2004 中规定的要求，纯度按体积比达到 98%，其作业压力在 0.1MPa 以下。

　　氧气和乙炔气的作业混合比例为 1∶1 ～ 1∶4。

（4）竖向钢筋电渣压力焊机具

　　钢筋电渣压力焊是改革开放以来兴起的一项新的钢筋竖向连接技术，属于熔化压力焊，它是利用电流通过两根钢筋端部之间产生的电弧热和通过渣池产生的电阻热将钢筋端部熔化，然后施加压力使钢筋焊接为一体的方法。这种方法具有施工简便、生产效率高、节约电能、节约钢材和接头质量可靠、成本较低的特点。主要用于现浇钢筋混凝土结构中竖向或斜向（倾斜度在 4∶1 范围内）钢筋的连接。

　　竖向钢筋电渣压力焊是一种综合焊接，它具有埋弧焊、电渣焊、压力焊三种焊接方法的特点。焊接开始时，首先在上下两钢筋端之间引燃电弧，使电弧周围焊剂熔化形成空穴。随后在监视焊接电压的情况下，进行"电弧过程"的延时，利用电弧热量，一方面使电弧周围的焊剂不断熔化，以使渣池形成必要的深度；另一方面使钢筋端面逐渐烧平，为获得优良接头创造条件。接着将上钢筋端部潜入渣池中，电弧熄灭，进行"电渣过程"的延时，利用电阻热能使钢筋全断面熔化并形成有利于保证焊接质量的端面形状。最后，在断电的同时迅速进行挤压，排除全部熔渣和熔化金属，形成焊接接头（图 3-36）。

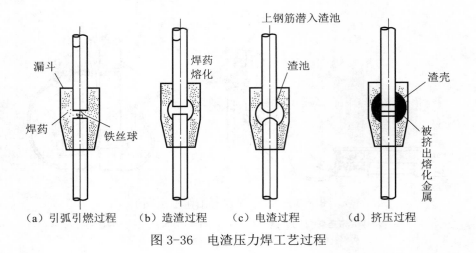

（a）引弧引燃过程　（b）造渣过程　（c）电渣过程　（d）挤压过程

图 3-36　电渣压力焊工艺过程

（5）焊接机具使用要点

1）焊接机具应由专人使用和管理。使用人员应有上岗证书，非专业人员不得擅自操作。

2）机械必须经试运转，调整正常后，才可正式使用。

3）机械的电源部分要妥加保护，防止因操作不慎使钢筋和电源接触；不允许两台焊机使用一个电源闸刀。

4）焊机必须有接地装置，其入土深度应在冻土线以下，地线的电阻应不大于 4Ω。操作前要检查接地状态是否正常。停止工作或检查、调整焊接变压器级次时，应将电源切断。对焊机及点焊机工作地点宜铺设木地板。

5）操作时要穿防护工作服，在闪光焊区应设铁皮挡板。

6）大量焊接生产时，焊接变压器不得超负荷工作，变压器温度不要超过60℃。

7）焊接工作房应用防火材料搭建。冬期施工时，棚内要采暖以防止对焊机内冷却水箱结冰。

注：钢筋加工时使用的冷拉机、切断机、弯曲机等加工设备，均应严格按照钢筋机械安全使用技术操作要求，做到先检查、后使用，使用后切断电源，并保持设备的清洁、润滑、调整紧固、防腐等。

第四章 钢筋的加工

第一节 钢筋的除锈

1. 浮锈的清除

浮锈是处于铁锈形成的初期，在混凝土中不影响钢筋与混凝土黏结，除了在焊接操作时在焊点附近需擦干净之外，通常可不进行处理。

2. 陈锈的清除

（1）手工除锈

工作量不大或在工地设置的临时工棚中操作时，可以用麻袋布擦或用钢刷子刷；对于较粗的钢筋来说，可以用砂盘除锈法，是指制作钢槽或木槽，槽盘内放置干燥的粗砂及细石子，将有锈的钢筋穿进砂盘中来回抽拉。图 4-1

为砂盘除锈示意图。

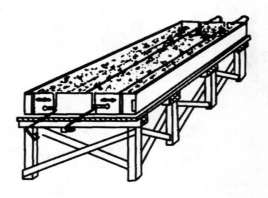

图 4-1　砂盘除锈

（2）机械除锈

对于直径较细的盘条钢筋，通过冷拉及调直过程自动去锈；粗钢筋则采用圆盘钢丝刷除锈机除锈。除锈机通常由钢筋加工单位自制，而圆盘钢丝刷有厂家供应成品，也可以自行用钢丝绳废头拆开取丝编制。

图 4-2 是圆盘钢丝刷除锈机的传动示意图，钢丝刷的直径 200 ～ 300mm，厚度 50 ～ 100mm，通常转速为 1000r/min，电动机功率 1 ～ 1.5kW。

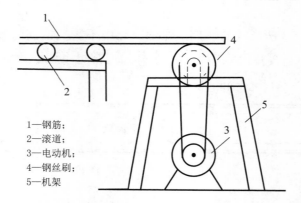

1—钢筋；
2—滚道；
3—电动机；
4—钢丝刷；
5—机架

图 4-2　圆盘钢丝刷除锈机

使用除锈机操作时须特别注意的安全事项：

1）传动皮带、钢丝刷等传动部分应设置防护罩；一定要设有排尘装置（排尘罩或排尘管道），使用前应检查各装置是否处于良好及有效状态。

2）应加强操作人员的劳动保护：操作时应扎紧袖口，戴好口罩、手套及防护眼镜。

3）操作时须将钢筋放平握紧，操作人员一定要侧身送料，严禁在除锈机的正前方站人；钢筋与钢丝刷松紧程度应适当，防止过紧使钢丝刷损坏，或过松影响除锈效果；钢丝刷转动时不得在附近清扫锈尘；更换钢丝刷时应认真检查，务必使新换的刷子固定牢靠。

4）除锈机多系自制，所以要特别注意电气系统的绝缘以及接地良好状况，每次使用前都应检查各部位，确保操作安全。

3. 清除老锈

对于老锈来说，它的起层锈斑若置于混凝土中，钢筋的锈蚀会继续发展，锈皮不断增厚，体积膨胀，致使混凝土产生裂缝。裂缝的出现反过来又会使钢筋锈蚀加速恶化，钢筋截面不断减小，混凝土构件的承载能力趋于下降。因此，对于有起层锈片的钢筋，要先用小锤敲击，使锈片剥落干净，然后用砂盘或除锈机除锈；因麻坑、斑点以及锈皮去除会使钢筋截面减小，故使用前要鉴定是否降级使用或进行其他处置。

第二节 钢筋冷拉

1. 钢筋的冷拉

为了提高钢筋的强度和硬度，减小塑性变形，在常温下对某种钢筋施加压力进行冷加工处理。钢筋通过冷拉可以节约钢材，提高钢筋屈服点，使钢筋各部分强度基本一致（图4-3）。

图 4-3　钢筋的冷拉

对圆盘钢筋进行冷拉操作时，应先将圆盘钢筋就位，然后将圆盘钢筋放圈展开（图 4-4）。展开时要一头卡牢，防止回弹。将钢筋端放在夹具上夹紧，控制冷拉设备，完成冷拉。

图 4-4　圆盘钢筋放圈展开

冷拉的速度不宜过快，一般为 5mm/s 为宜，拉直钢筋时卡头要卡牢，地锚要结实牢固。之后放松夹紧的钢筋，将树根钢筋捆成把堆放（图 4-5）。

图 4-5　堆放

进行冷拉操作时，一定要注意，拉筋沿线 2m 区域内，禁止行人。

2. 钢筋冷拉设备安全操作

1）不同型号卷扬机具有不同性能，应合理选用，以适应被冷拉钢筋的直径大小。卷扬钢丝绳须经封闭式导向滑轮并与被拉钢筋方向垂直。卷扬机的位置一定要使操作人员可见到全部冷拉场地。

2）须在冷拉场地的两端地锚外侧设置警戒区，警戒区应装有防护栏杆并设有警告标志。禁止与施工无关的人员在警戒区停留。作业时，操作人员所在的位置一定要与被拉钢筋保持 2m 以上的距离。

3）作业前，须检查冷拉夹具，夹齿一定要完好，滑轮、拖拉小车须润滑灵活，拉钩、地锚以及防护装置都要齐全牢固，确认良好后才能进行作业。

4）用配重控制的设备一定要与滑轮匹配，并有指示起落的记号，若没有记号就应该有专人指挥。配重筐提起时高度要限制在离地面 300mm 以内；配重架四周要有栏杆以及警告标志。

5）卷扬机操作人员一定要在看到指挥人员发出信号，并等所有人员都离开危险区后才能作业。冷拉须缓慢均匀地进行，随时注意停车信号；若见到有人进入危险区，立即停拉，且稍稍放松卷扬钢丝绳。

6）用以控制冷拉力的装置一定要装设明显的限位标志，且应有专人负责指挥。

7）夜间工作的照明设施须设在冷拉危险区外。若一定要装设在场地上空，它的高度要离地面 5m 以上；灯泡须加防护罩，不许用裸线作为导线。

8）冷拉作业结束后，须放松卷扬钢丝绳，落下配重，切断电源，锁好开关箱。

3. 冷拉操作要点

1）对钢筋的炉号、原材料的质量进行检查，不同炉号的钢筋分别进行冷拉，不得混杂。

2）冷拉前，应对设备，特别是测力计进行校验和复核，并做好记录以确保冷拉质量。

3）钢筋应先拉直（约为冷拉应力的 10%），然后量其长度再行冷拉。

4）冷拉时，为使钢筋变形充分发展，冷拉速度不宜快，一般以 0.5～1m/min 为宜，当达到规定的控制应力（或冷拉长度）后，须稍停（约 1～2min），待钢筋变形充分发展后，再放松钢筋，冷拉结束。钢筋在负温下进行冷拉时，其温度不宜低于 -20℃，如采用控制应力方法时，冷拉控制应力应较常温提高 30MPa；采用控制冷拉率方法时，冷拉率与常温相同。

5）钢筋伸长的起点应以钢筋发生初应力时为准。如无仪表观测时，可观测钢筋表面的浮锈或氧化铁皮，以开始剥落时起计。

6）预应力钢筋应先对焊后冷拉，以免后焊因高温而使冷拉后的强度降低。如焊接接头被拉断，可切除该焊区总长约 200～300mm，重新焊接后再冷拉，但一般不超过两次。

7）钢筋时效可采用自然时效，冷拉后宜在常温（15～20℃）下放置一段时间（7～14d）后使用。

8）因钢筋冷拉后性质尚未稳定，遇水易变脆，且易生锈，故钢筋冷拉后应防止雨淋、水湿。

第三节 钢筋调直和切断

1. 钢筋调直

圆盘钢筋（图 4-6）和曲折的钢筋会影响构件受力性能，以及切断钢筋长度的准确性，因此对钢筋进行调直和切断是一道非常重要的工序。

图 4-6　圆盘钢筋

钢筋调直可分为人工调直和机械调直两类。人工调直又可分为绞盘调直（大多用于 12mm 以下的钢筋）、铁柱调直（用于粗钢筋）、蛇形管调直（用于冷拔低碳钢丝）。机械调直常用的包括钢筋调直机调直（用于冷拔低碳钢丝及细钢筋）、卷扬机调直（用于粗细钢筋）。以下为钢筋调直的具体要求：

1）对局部曲折、弯曲或成盘的钢筋须加以调直。

2）钢筋调直普遍使用慢速卷扬机拉直及用调直机调直，在缺乏调直设备的情况下，粗钢筋可以采用弯曲机、平直锤或用卡盘、扳手、锤击矫直；细钢筋可以用绞盘（磨）拉直或用导轮、蛇形管调直装置来调直（图 4-7）。

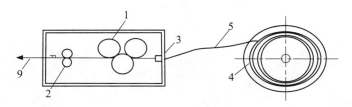

（a）导轮调直装置

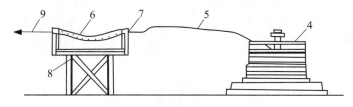

（b）蛇形管调直装置

图 4-7　导轮和蛇形管调直装置

1—辊轮；2—导轮；3—旧拔丝模；4—盘条架；5—细钢筋或钢丝；
6—蛇形管；7—旧滚珠轴承；8—支架；9—人力牵引

3）当采用钢筋调直机调直冷拔低碳钢丝及细钢筋时，应根据钢筋的直径选用调直模和传送辊，并应恰当掌握调直模的偏移量及压紧程度。

4）当用卷扬机拉直钢筋时，须注意控制冷拉率。当用调直机调直钢丝及用锤击法平直粗钢筋时，表面伤痕不得使截面积减少 5% 以上。

5）调直后的钢筋须平直，无局部曲折；冷拔低碳钢丝表面不许有明显擦伤。应当注意：冷拔低碳钢丝经调直机调直后，其抗拉强度通常降低 10% ～ 15%，使用前应加强检查，按调直后的抗拉强度选用。

6）已调直的钢筋须按级别、直径、长短、根数分扎成若干小扎，并分区堆放整齐。

2. 钢筋切断

钢筋经除锈、调直完成后，即可按下料长度进行切断。钢筋应按下料长度下料，力求准确，允许偏差应符合有关规定。

钢筋按照下料长度下料时，钢筋剪切可采用钢筋切断机（直径 40mm 内的钢筋）、手动液压切断机（直径 16mm 以内的钢筋）及手动切断器（直径 12mm 以内的钢筋）或使用氧乙炔焰切断，钢筋切断机如图 4-8 所示。

图 4-8　钢筋切断机

钢筋切断前应有计划地根据工地的材料情况确定下料方案，确保钢筋的品种、规格、尺寸、外形符合设计要求。

切断时，同规格钢筋根据不同长度长短搭配、统筹编排；一般应先断长料、后断短料，减少短头，长料长用，短料短用，使下脚料的长度最短。

切剩的短料可作为电焊接头的帮条或其他辅助短钢筋使用，尽量减少钢筋的损耗。

钢筋切断注意事项：

1）检查：使用前应检查刀片安装是否牢固、润滑油是否充足，并应在开机空转正常以后，再进行操作。

2）切断：钢筋应调直以后再切断，钢筋与刀口应垂直。

3）安全：断料时应握紧钢筋，待活动刀片后退时及时将钢筋送进刀口，不要在活动刀片已向前推进时向刀口送料（图4-9），以免断料不准甚至发生机械、人身事故。

图 4-9　断料

长度在 30cm 以内的短料，不能直接用手送料切断。禁止切断超过切断机技术性能规定的钢材以及超过刀片硬度或烧红的钢筋。切断钢筋后刀口处的屑渣不能直接用手清除或直接用嘴吹，应用毛刷刷干净。

3. 钢筋调直、切断

现在常用的钢筋调直切断机已发展为能同时钢筋除锈、调直和自动切断的多功能机械（图4-10）。

（a）除锈

（b）调直

（c）切断

图 4-10　钢筋调直切断机

在操作钢筋切断机时，要先将钢筋摆顺，上下纵向排列，放入冲切刀具和固定刀具中间的槽内，开启设备后进行切断（图 4-11）。

图 4-11　摆顺、切断

钢筋的断料尺寸要准确，允许偏差为 ±10mm。

第四节 钢筋弯曲成型

1. 钢筋弯曲成型的方法

钢筋的弯曲成型方法有手工弯曲和机械弯曲两种。钢筋弯曲应在常温下进行，不得将钢筋加热后弯曲。手工弯曲成型设备简单、成型准确，但劳动强度大、效率低；机械弯曲成型可减轻劳动强度、提高工效，但操作时要注意安全。

1）手工弯曲直径 12mm 以下的细筋可用手摇扳子，弯曲粗钢筋可用铁板扳柱或横口扳手（图 4-12）。

图 4-12 手工钢筋弯曲成型

2）弯曲粗钢筋及形状较复杂的钢筋（如弯起钢筋、牛腿钢筋）时，应在钢筋弯曲之前，根据钢筋料牌上标明的尺寸，用石笔将各弯曲点位置标出。

3）弯曲细钢筋（如架立钢筋、分布钢筋、箍筋）时，可不画线，但要在工作台上按各段尺寸要求，钉上若干标志，按标志进行操作。

4）钢筋在弯曲机上成型时，芯轴直径宜为钢筋直径的 2.5 倍，成型轴需加偏心轴套，以适应不同直径的钢筋弯曲需要。

5）第一根钢筋弯曲成型后宜与配料表进行复核，符合要求后再成批加工；对复杂的弯曲钢筋（预制柱牛腿、屋架节点等），宜先弯一根，经过试组装后，才能成批弯制。成型后的钢筋应形状正确，平面上没有凹曲现象，在弯曲处无裂纹。

6）曲线形钢筋成型，可以在原钢筋弯曲机的工作盘中央加装一个推进钢筋用的十字架和钢套，在工作盘四个孔内插上顶弯钢筋用的短轴同成型钢套和中央钢套相切，在插座板上加工挡轴圆套，如图 4-13（a）所示，插座板上挡轴钢套尺寸可根据钢筋曲线形状选用。

7）螺旋形钢筋成型，小直径可直接用手摇滚筒成型，较粗（$\phi16 \sim \phi30$）钢筋可以在钢筋弯曲机的工作盘上安装一个型钢制成的加工圆盘，如图 4-13（b）所示，圆盘外直径大致等于需加工螺栓筋（或圆箍筋）的内径，插孔大致等于弯曲机板柱间距，使用时将钢筋一端固定，即可用一般钢筋弯曲加工方法弯制成所需的螺旋形钢筋。

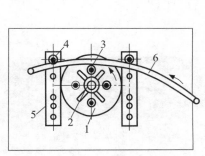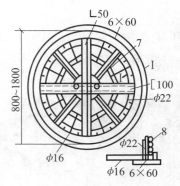

（a）曲线成型工作简图　　　（b）大直径螺栓箍筋加工圆盘

图 4-13　曲线形钢筋成型装置

1—工作盘；2—十字撑及圆套；3—桩柱及圆套；4—挡轴圆套；5—插座板；
6—钢筋；7—板柱插孔，间距 250mm；8—螺栓钢筋

8）在使用钢筋弯曲机对钢筋进行弯曲、成型处理时，先开启电源开关，合理选用相应规格的芯轴，成型轴上加一个偏心套以调整芯轴、钢筋和成型轴三者间的间隙，以满足工程施工对钢筋形状的需要（图 4-14）。

（a）开启开关　　　　　　　　（b）套偏心套

（c）弯曲成型

图 4-14　钢筋弯曲机的使用

注：弯曲钢筋时，应使挡架上的挡板贴紧钢筋，以保证钢筋弯曲机对钢筋弯曲的质量。

2. 钢筋弯曲成型的顺序

准备工作→画线→做样件→弯曲成型。

（1）准备工作

钢筋弯曲成什么样的形状、各部分的尺寸是多少，主要依据钢筋配料单进行。弯曲之前对照配料单上待加工钢筋的型号、规格、下料长度、数量和成型尺寸是否符合。

（2）画线

钢筋弯曲前，对形状复杂的钢筋如弯起钢筋，根据钢筋料牌上标明的尺寸各弯曲点画线（图4-15）。

图4-15 画线

画线时应根据不同的弯曲角度扣除弯曲调整值，其扣法是：从相邻两段长度中各扣一半。钢筋端部带半圆弯钩时,则该段长度画线时应增加 $0.5d$（其中 d 为钢筋直径），画线工作应在工作台上从钢筋中线开始向两边进行，不得用短尺接量，以免产生误差积累。

（3）做样件

弯曲钢筋画线后，即可试弯一根，以检查画线的结果是否符合设计要求，如不符合应对弯曲顺序、画线、弯曲标志、弯具等进行调整，待调整合格后方可成批弯制（图4-16）。

图 4-16　做样件

（4）弯曲成型

弯曲成型后，按要求堆放整齐（图4-17）。弯曲后允许偏差应符合《混凝土结构工程施工质量验收规范》GB 50204—2015 的规定。

图 4-17　摆放整齐

第五节 钢筋的套丝

套丝是钢筋加工的重要工序之一，套丝加工后的钢筋就可以直接在建筑工程中使用了。

对钢筋进行套丝，可以使用钢筋专用套丝机（图4-18）。

图 4-18　套丝机

操作时，首先将预备套丝的钢筋固定在套丝机上，开启摇柄，调整好间距，操作摇柄，套丝机即可自动对钢筋进行剥皮、套丝（图4-19）。

（a）固定

（b）套丝

图 4-19　固定并套丝

在套丝的过程中，钢筋套丝机自动同步出水，对正在进行套丝加工的钢筋进行降温，确保套丝质量（图4-20）。

图 4-20　套丝机的降温

钢筋套丝操作完毕，要将已经套丝的部分带上防护帽，以防止套丝后的钢筋丝帽被外来力量损坏导致滑丝受损（图4-21）。

图 4-21　带防护帽并摆放整齐

第六节 钢筋加工质量验收

1. 主控项目

1）受力钢筋的弯钩和弯折应符合下列规定：

①HPB300 级钢筋末端应作 180° 弯钩，其弯弧内直径不应小于钢筋直径的 2.5 倍，弯钩的弯后平直部分长度不应小于钢筋直径的 3 倍。

②当设计要求钢筋末端需作 135° 弯钩时，HRB335 级、HRB400 级钢筋的弯弧内直径不应小于钢筋直径的 4 倍，弯钩的弯后平直部分长度应符合设计要求。

③钢筋作不大于 90° 的弯折时，弯折处的弯弧内直径不应小于钢筋直径的 5 倍。

a. 检验数量：按每工作班同一类型钢筋、同一加工设备抽查不应少于 3 件。

b. 检验方法：钢尺检查。

2）除焊接封闭式箍筋外，箍筋的末端应作弯钩，弯钩形式应符合设计要求；当设计无具体要求时，应符合下列规定：

①箍筋弯钩的弯弧内直径除应满足《混凝土结构工程施工质量验收规范》GB 50204—2015 的相关规定外，尚应不小于受力钢筋直径。

②箍筋弯钩的弯折角度：对一般结构，不应小于 90°；对有抗震等要求的结构，应为 135°。

③箍筋弯后平直部分长度：对一般结构，不宜小于箍筋直径的 5 倍；对有抗震等要求的结构，不应小于箍筋直径的 10 倍。

a. 检验数量：按每工作班同一类型钢筋、同一加工设备抽查不应少于 3 件。

b. 检验方法：钢尺检查。

2. 一般项目

1）钢筋调直宜采用机械方法，也可采用冷拉方法。当采用冷拉方法调直钢筋时，HPB300 级的钢筋的冷拉率不宜大于 4%，HRB335 级、HRB400 级和 RRB400 级钢筋的冷拉率不宜大于 1%。

①检验数量：按每工作班同一类型钢筋、同一加工设备抽查不应少于 3 件。

②检验方法：观察、钢尺检查。

2）钢筋加工的形状、尺寸应符合设计要求，其偏差应符合表 4-1 的规定。

①检验数量：按每工作班同一类型钢筋、同一加工设备抽查不就少于 3 件。

②检验方法：钢尺检查。

<table>
<tr><td colspan="2">钢筋加工的允许偏差　　　　　　　表 4-1</td></tr>
<tr><td>项目</td><td>允许偏差（mm）</td></tr>
<tr><td>受力钢筋顺长度方向全长的净尺寸</td><td>±10</td></tr>
<tr><td>弯起钢筋的弯折位置</td><td>±20</td></tr>
<tr><td>箍筋内净尺寸</td><td>±5</td></tr>
</table>

第五章 钢筋的连接

第一节 钢筋机械连接

钢筋机械连接是借助连接件的机械咬合作用或钢筋端面的承压作用,将一根钢筋中的力传递至另一根钢筋的连接方法。这种方法具有施工简便、接头质量可靠、工艺性能良好、不受钢筋焊接性的制约、可全天候施工、节约钢材与能源等优点。常用的机械连接接头类型有:挤压套筒接头、锥螺纹套筒接头等。

1. 带肋钢筋套筒挤压连接

带肋钢筋套筒挤压连接是把需要连接的带肋钢筋插于特制的钢套筒内,借助挤压机压缩套筒,使之产生塑性变形,通过变形后的钢套筒与带肋钢筋之间的紧密咬合来实现钢筋的连接。十分适用于钢筋直径为 16～40mm 的热轧 HRB335 级、HRB400 级带肋钢筋的连接(图 5-1)。

钢筋挤压连接有钢筋径向挤压连接与钢筋轴向挤压连接两种形式,见表5-1。

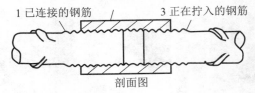

2 直螺纹套筒
1 已连接的钢筋   3 正在拧入的钢筋

剖面图

图 5-1　钢筋套筒挤压连接

带肋钢筋套筒挤压连接形式　　　表 5-1

连接形式	图示及说明
带肋钢筋套筒径向挤压连接	径向挤压连接，是采用挤压机沿径向（即与套筒轴线垂直方向）将钢套筒挤压产生塑性变形，使之紧密地咬住带肋钢筋的横肋，实现两根钢筋的连接，如下图所示。当不同直径的带肋钢筋采用挤压接头连接时，若套筒两端外径和壁厚相同，被连接钢筋的直径相差不应大于 5mm。挤压连接工艺流程：钢筋套筒挤压→钢筋断料，刻画钢筋套入长度，定出标记→套筒套入钢筋→安装挤压机→开动液压泵，逐渐加压套筒至接头成型→卸下挤压机→接头外形检查。 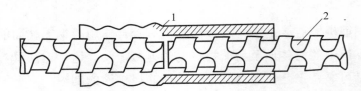 1—钢套管；2—钢筋
带肋钢筋套筒轴向挤压连接	轴向挤压连接，是采用挤压机和压模对钢套筒及插入的两根对接钢筋，沿其轴向方向进行挤压，使套筒咬台到带肋钢筋的肋间，并结合成一体，如下图所示。 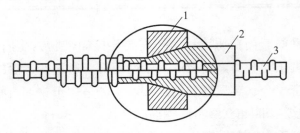 1—钢套管；2—压接器；3—钢筋

(1) 钢筋径向挤压连接施工工艺要点

利用箍套对钢筋连接时，必须使用力矩扳子，将箍套与上下钢筋的连接加固（图 5-2）。

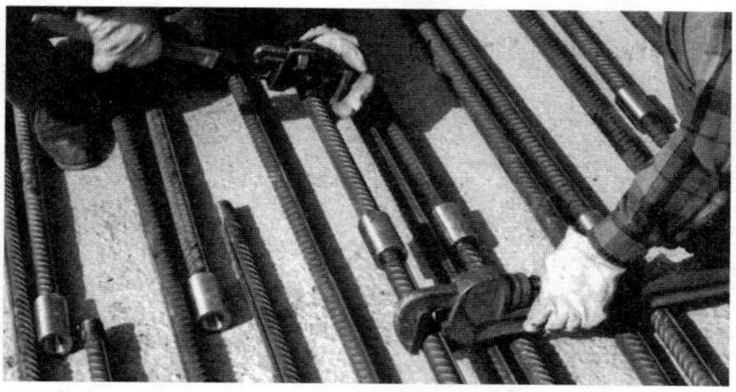

图 5-2 套筒连接

钢筋连接，在使用直径 20mm 以下的钢筋时，可以直接用铁丝绑扎；但连接直径超过 20mm 的钢筋时，应按施工要求使用机械连接。

(2) 钢筋轴向挤压连接工艺要点

1）为了能够准确地判断出钢筋伸入钢套筒内的长度，在钢筋两端用标尺画出油漆标志线，如图 5-3 所示。

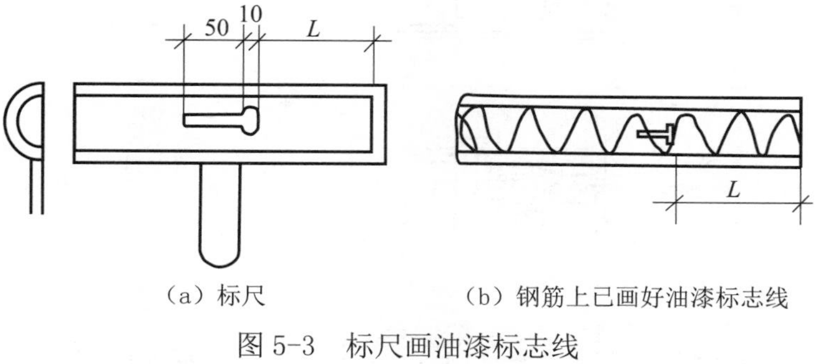

（a）标尺 （b）钢筋上已画好油漆标志线

图 5-3 标尺画油漆标志线

2）选定套筒与压模，并使其配套。

3）接好泵站电源及其与半挤压机（或挤压机）的超高压油管。

4）启动泵站，按手控开关的“上”、“下”按钮，使油缸往复运动几次，检查泵站和半挤压机（或挤压机）是否正常。

　　5）常采取预先压接半个钢筋接头后，再运往作业地点进行另外半个钢筋接头的整根压接连接。

　　6）半根钢筋挤压作业步骤，见表5-2。

半根钢筋挤压作业步骤　　　　　　　　　　　　　表5-2

项次	图示	说明
1	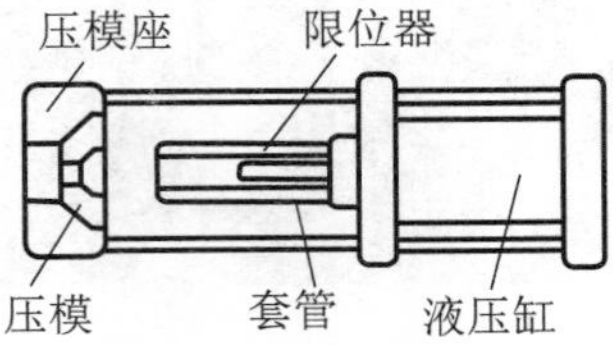 压模座　限位器 压模　套管　液压缸	装好高压油管和钢筋配用的限位器、套管、压模，并在压模内孔涂羊油
2	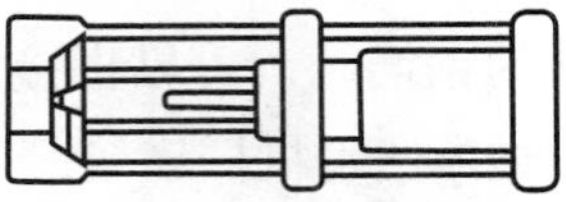	按手控"上"按钮，使套管对正压模内孔，再按手控"停止"按钮
3	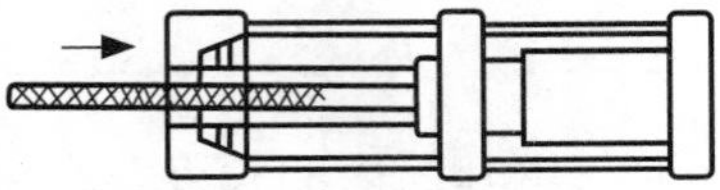	插入钢筋；顶在限位器立柱上，扶正
4	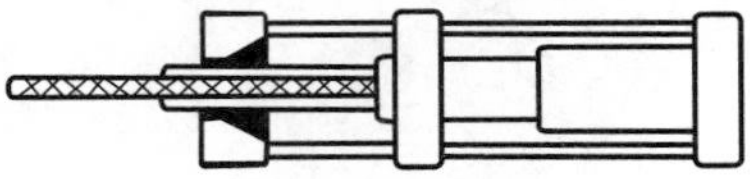	按手控"上"按钮，进行挤压
5	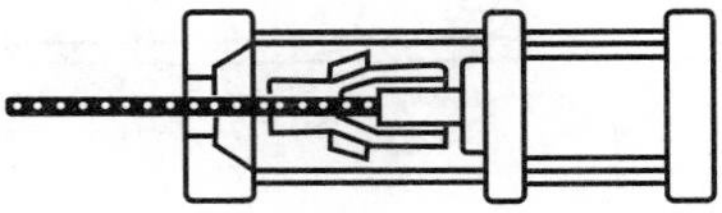	当听到溢流"吱吱"声，再按手控"下"按钮，退回柱塞，取下压模
6	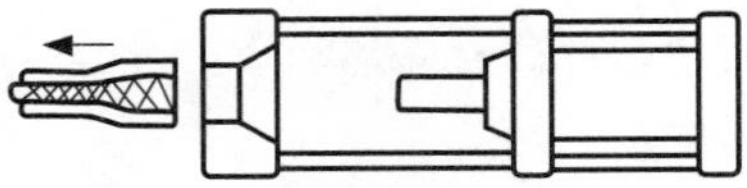	取出半套管接头，挤压作业结束

　　7）整根钢筋挤压作业步骤，见表5-3。

整根钢筋挤压作业步骤 表5-3

项次	图示	说明
1	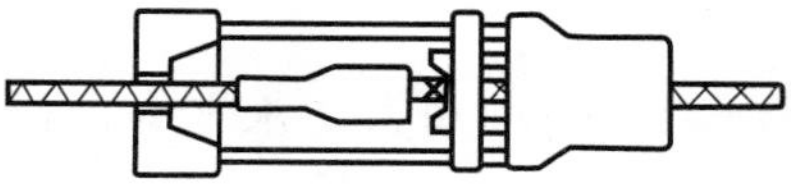	将半套管接头，插入结构钢筋，挤压机就位
2	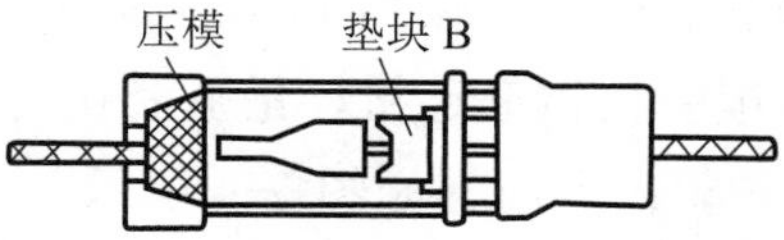 压模　垫块B	放置与钢筋配用的垫块B和压模
3	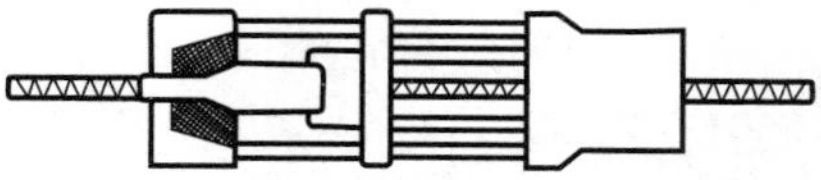	按手控"上"按钮，进行挤压，听到"吱吱"溢流声
4	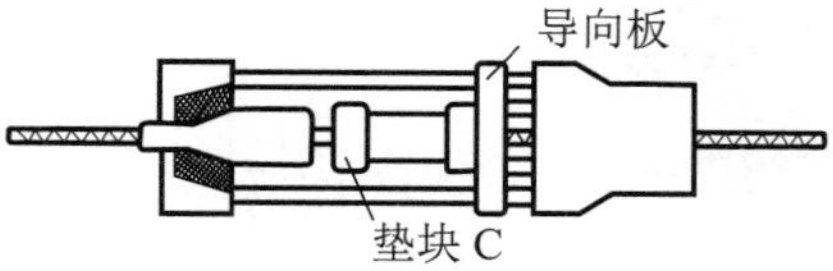 导向板　垫块C	按手控"下"按钮，退回柱塞及导向板；装上垫块C
5	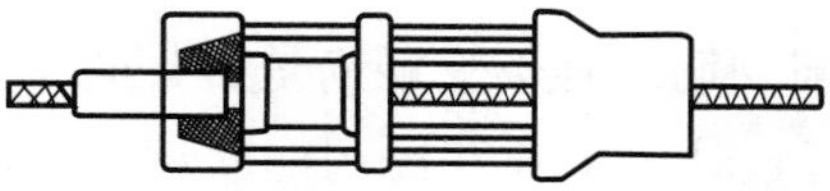	按手控"上"按钮，进行挤压
6	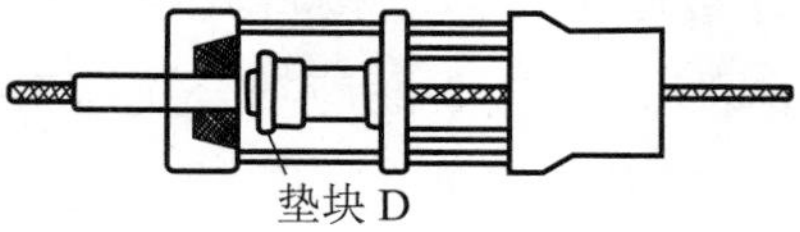 垫块D	取出半套管接头，挤压作业结束
7	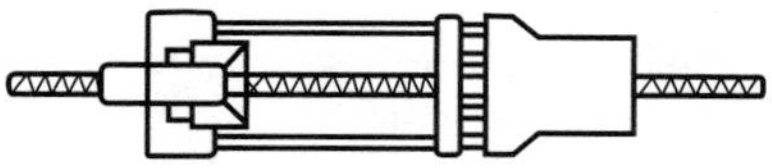	按手控"上"按钮，进行挤压；再按手控"下"按钮，退回柱塞
8		取下垫块、模具、挤压机，接头挤压连接完毕

8）压接后的接头，其套筒握裹钢筋的长度宜达到油漆标记线，达不到的，可绑扎补强钢筋或切去重新压接。

2. 钢筋锥螺纹套筒连接

　　锥螺纹钢筋接头是利用锥形螺纹能承受轴向力与水平力，以及密封性能较好的原理，钢筋借助机械力连接在一起。

　　操作时，先用专用套丝机将钢筋的待连接端加工成锥形外螺纹，然后利用带锥形内螺纹的钢连接套筒将两根待接钢筋连接，最后利用力矩扳手按照规定的力矩值将钢筋与连接钢套筒拧紧在一起，如图 5-4 所示。

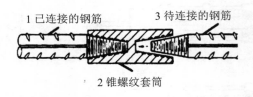

图 5-4　钢筋锥螺纹套筒连接

　　这种接头工艺简便，能在施工现场连接直径 16 ～ 40mm 的热轧 HRB335 级、HRB400 级同径与异径的水平或竖向钢筋，且不受钢筋是否带肋及含碳量的限制。适用于按照一、二级抗震等级设计的工业和民用建筑钢筋混凝土结构的热轧 HRB335 级、HRB400 级钢筋的连接施工，但不得将其用于预应力钢筋的连接。对于直接承受动荷载的结构构件，其接头还应符合抗疲劳性能等设计要求。锥螺纹连接套筒的材料宜采用 45 优质碳素结构钢或其他经试验确认满足要求的钢材制成，其抗拉承载力不应小于被连接钢筋受拉承载力标准值的 1.10 倍。

3. 钢筋直螺纹连接

（1）冷镦粗直螺纹钢筋连接

　　镦粗直螺纹接头工艺是先利用冷镦机将钢筋端部镦粗，再用套丝机在钢筋端部的镦粗段上加工直螺纹，然后用连接套筒将两根钢筋对接。由于钢筋端部冷镦后，不仅截面加大，而且强度也有提高。加之，钢筋端部加工直螺纹后，其螺纹底部的最小直径，应不小于钢筋母材的直径。因此，该接头可与钢筋母材等强。其工艺流程如图 5-5 所示。

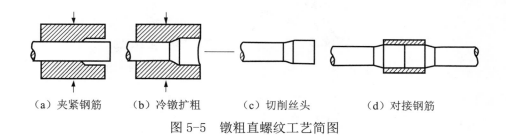

（a）夹紧钢筋　　　（b）冷镦扩粗　　　（c）切削丝头　　　（d）对接钢筋

图 5-5　镦粗直螺纹工艺简图

（2）直接滚轧直螺纹钢筋连接

直接滚轧直螺纹钢筋连接接头是将钢筋连接端头采用专用滚轧设备和工艺，通过滚丝轮直接将钢筋端头滚轧成直螺纹，并用相应的连接套筒将两根待接钢筋连接成一体的钢筋接头。

1）连接钢筋时，钢筋规格与套筒的规格必须一致，钢筋和套筒的螺纹应干净、完好无损。

2）采用预埋接头时，连接套筒的位置、规格及数量应符合设计要求。带连接套筒的钢筋宜固定牢靠，连接套筒的外露端应有保护盖。

3）滚轧普通螺纹接头宜使用扭力扳手或管钳进行施工，将两个钢筋丝头在套筒的中间位置相互顶紧，接头拧紧力矩需符合表 5-4 的规定。扭力扳手的精度为 ±5%。

直螺纹钢筋接头拧紧力矩值　　　　　　　　　　　　　　表 5-4

钢筋直径（mm）	≤ 16	18～20	22～25	28～32	36～40
扭紧力矩（N•m）	80	160	230	300	350

4）拧紧后的滚压普通螺纹接头应做出标记，单边外露螺纹长度不宜超过 2 个螺距。

5）根据待接钢筋所在部位和转动难易情况选用不同的套筒类型，采用不同的安装方法，如图 5-6 ～图 5-9 所示。

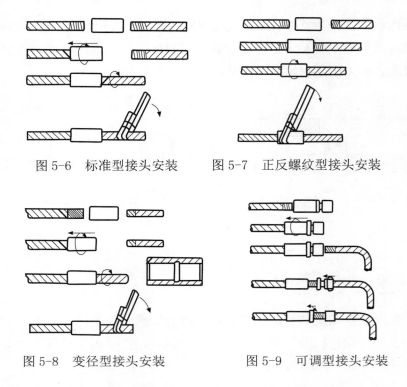

图 5-6 标准型接头安装   图 5-7 正反螺纹型接头安装

图 5-8 变径型接头安装   图 5-9 可调型接头安装

（3）挤压肋滚轧直螺纹钢筋连接

挤压肋滚轧（也称滚压）直螺纹钢筋连接技术，是先利用专用挤压设备，把钢筋端头待连接部位的纵肋与横肋挤压成圆柱状，然后，再利用滚丝机把圆柱状的钢筋端头滚轧成直螺纹。在钢筋端部挤压肋及滚丝加工过程中，由于局部塑性变形冷作硬化的原理，使钢筋端部强度得到提高。因此，可以使钢筋接头的强度等于或大于钢筋母材的强度。

（4）剥肋滚轧直螺纹钢筋连接

剥肋滚轧（也称滚压）直螺纹钢筋连接技术，是利用专用剥肋滚轧直螺纹加工设备，先把钢筋端头待接部位的纵、横肋剥成同一直径的圆柱体，然后再利用同一台设备继续滚压成直螺纹。其加工过程为：把钢筋端部夹紧在专用设备的夹钳上，扳动进给装置，对钢筋端部先进行剥肋，然后，继续滚轧成直螺纹，滚轧到位之后，自动停机回车，一次装卡便可完成剥肋和滚轧直螺纹两道工序的加工。

第二节 钢筋焊接

土建施工时，某些部位的钢筋需要进行连接，焊接就是一种常用的连接方法（图5-10）。

图 5-10　钢筋焊接

钢筋焊接连接，既能保证钢筋接头牢固，还可使钢筋短料长用，大量节约钢材，并且钢筋焊接头的质量好、成本较低、效率高，是钢筋加工中一项重要技术（图5-11）。

图 5-11　焊接接头

在传统的闪光焊工艺的基础上，由于施工条件的变化，近年来出现了多种竖向钢筋的连接工艺，以解决施工现场长钢筋使用不便，短钢筋长度不足的矛盾。

　　同一连接区段内，纵向受力钢筋的接头面积百分率应符合设计规定，当设计无规定时，应符合下列规定：在受拉区不宜大于50%；直接承受重力、荷载的基础中不宜采用焊接接头；当采用机械连接接头时，不应大于50%。

1. 钢筋焊接一般规定

　　钢筋焊接方法分类及适用范围见表5-5。钢筋焊接质量检验应符合《钢筋焊接及验收规程》JGJ　18—2012和《钢筋焊接接头试验方法标准》JGJ/T 27—2014的规定。

钢筋焊接方法的适用范围　　　　　　　　　　表5-5

焊接方法	接头形式	适用范围	
		钢筋牌号	钢筋直径（mm）
电阻点焊		HPB300	6～16
		HRB335　HRBF335	6～16
		HRB400　HRBF400	6～16
		HRB500　HRBF500	6～16
		CRB550	4～12
		CDW550	3～8
闪光对焊		HPB300	8～22
		HRB335　HRBF335	8～40
		HRB400　HRBF400	8～40
		HRB500　HRBF500	8～40
		RRB400W	8～32
箍筋闪光对焊		HPB300	6～18
		HRB335　HRBF335	6～18
		HRB400　HRBF400	6～18
		HRB500　HRBF500	6～18
		RRB400W	8～18

续表

焊接方法			接头形式	适用范围	
				钢筋牌号	钢筋直径（mm）
电弧焊	帮条焊	双面焊		HPB300 HRB335　HRBF335 HRB400　HRBF400 HRB500　HRBF500 RRB400W	10～22 10～40 10～40 10～32 10～25
		单面焊		HPB300 HRB335　HRBF335 HRB400　HRBF400 HRB500　HRBF500 RRB400W	10～22 10～40 10～40 10～32 10～25
	搭接焊	双面焊		HPB300 HRB335　HRBF335 HRB400　HRBF400 HRB500　HRBF500 RRB400W	10～22 10～40 10～40 10～32 10～25
		单面焊		HPB300 HRB335　HRBF335 HRB400　HRBF400 HRB500　HRBF500 RRB400W	10～22 10～40 10～40 10～32 10～25
熔槽帮条焊				HPB300 HRB335　HRBF335 HRB400　HRBF400 HRB500　HRBF500 RRB400W	20～22 20～40 20～40 20～32 20～25

续表

焊接方法		接头形式	适用范围	
			钢筋牌号	钢筋直径（mm）
坡口焊	平焊		HPB300 HRB335　HRBF335 HRB400　HRBF400 HRB500　HRBF500 RRB400W	18～22 18～40 18～40 18～32 18～25
	立焊		HPB300 HRB335　HRBF335 HRB400　HRBF400 HRB500　HRBF500 RRB400W	18～22 18～40 18～40 18～32 18～25
钢筋与钢板搭接焊			HPB300 HRB335　HRBF335 HRB400　HRBF400 HRB500　HRBF500 RRB400W	8～22 8～40 8～40 8～32 8～25
窄间隙焊			HPB300 HRB335　HRBF335 HRB400　HRBF400 HRB500　HRBF500 RRB400W	16～22 16～40 16～40 18～32 18～25
预埋件钢筋	角焊		HPB300 HRB335　HRBF335 HRB400　HRBF400 HRB500　HRBF500 RRB400W	6～22 6～25 6～25 10～20 10～20
	穿孔塞焊		HPB300 HRB335　HRBF335 HRB400　HRBF400 HRB500 RRB400W	20～22 20～32 20～32 20～28 20～28

续表

焊接方法		接头形式	适用范围	
			钢筋牌号	钢筋直径（mm）
预埋件钢筋	埋弧压力焊 埋弧螺柱焊		HPB300	6～22
			HRB335　HRBF335	6～28
			HRB400　HRBF400	6～28
电渣压力焊			HPB300	12～22
			HRB335	12～32
			HRB400	12～32
			HRB500	12～32
气压焊	固态		HPB300	12～22
			HRB335	12～40
	熔态		HRB400	12～40
			HRB500	12～32

注：1. 电阻点焊时，适用范围的钢筋直径指两根不同直径钢筋交叉叠接中较小钢筋的直径。

2. 电弧焊含焊条电弧焊和 CO_2 气体保护电弧焊两种工艺方法。

3. 在生产中，对于有较高要求的抗震结构用钢筋，在牌号后加 E，焊接工艺可按同级别热轧钢筋施焊；焊条应采用低氢型碱性焊条。

4. 生产中，如果有 HPB235 钢筋需要进行焊接时，可按 HPB300 钢筋的焊接材料和焊接工艺参数，以及接头质量检验与验收的有关规定施焊。

钢筋焊接的一般规定如下：

1）电渣压力焊应用于柱、墙、烟囱等现浇混凝土结构中竖向受力钢筋的连接；不得用于梁、板等构件中水平钢筋的连接。

2）在工程开工或每批钢筋正式焊接前，应进行现场条件下的焊接性能试验。合格后，方可正式生产。

3）钢筋焊接施工之前，应清除钢筋或钢板焊接部位和与电极接触的钢筋表面上的锈斑油污、杂物等；钢筋端部若有弯折、扭曲时，应予以矫直或切除。

4）进行电阻点焊、闪光对焊、电渣压力焊或埋弧压力焊时，应随时观察电源电压的波动情况。对于电阻点焊或闪光对焊，当电源电压下降大于 5%、小于 8% 时，应采取提高焊接变压器级数的措施；当大于或等于 8% 时，不得进行焊接。对于电渣压力焊或埋弧压力焊，当电源电压下降大于 5% 时，不宜进行焊接。

5）对从事钢筋焊接施工的班组及有关人员应经常进行安全生产教育，并应制定和实施安全技术措施，加强焊工的劳动保护，防止发生烧伤、触电、火灾、爆炸以及烧坏焊接设备等事故。

6）焊机应经常维护保养和定期检修，确保正常使用。

2. 钢筋电弧焊

钢筋电弧焊是以焊条作为一板、钢筋为另一板，利用焊接电流通过产生的电弧热进行焊接的一种熔焊方法。

钢筋电弧焊应包括帮条焊、搭接焊、坡口焊、窄间隙焊和熔槽帮条焊 5 种接头形式。焊接时，应符合下列规定：

1）应根据钢筋牌号、直径、接头形式和焊接位置，选择焊接材料，确定焊接工艺和焊接参数。

2）焊接时，引弧应在垫板、帮条或形成焊缝的部位进行，不得烧伤主筋。

3）焊接地线与钢筋应接触良好。

4）焊接过程中应及时清渣，焊缝表面应光滑，焊缝余高应平缓过渡，弧坑应填满。

（1）帮条焊和搭接焊

帮条焊和搭接焊的规格与尺寸见表 5-5。帮条焊和搭接焊宜采用双面焊。当不能进行双面焊时，可采用单面焊，如图 5-12、图 5-13 所示。当帮条牌号与主筋相同时，帮条直径可与主筋相同或小一个规格；当帮条直径与主筋相同时，帮条牌号可与主筋相同或低一个牌号等级。

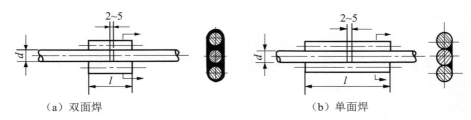

（a）双面焊　　　　　　　　　　（b）单面焊

图 5-12　钢筋帮条焊接头

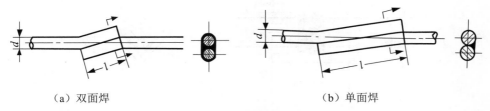

（a）双面焊　　　　　　　　　　（b）单面焊

图 5-13　钢筋搭接焊接头

d—钢筋直径；l—搭接长度

1）帮条焊或搭接焊时，钢筋的装配和焊接应符合下列规定：

①帮条焊时，两主筋端面的间隙应为 2～5mm。

②搭接焊时，焊接端钢筋宜预弯，并应使两钢筋的轴线在同一直线上。

③帮条焊时，帮条与主筋之间应用四点定位焊固定；搭接焊时，应用两点固定；定位焊缝与帮条端部或搭接端部的距离宜大于或等于 20mm。

④焊接时，应在帮条焊或搭接焊形成焊缝中引弧；在端头收弧前应填满弧坑，并应使主焊缝与定位焊缝的始端和终端熔合。

2）帮条焊接头或搭接焊接头的焊缝有效厚度 S 不应小于主筋直径的 30%；焊缝宽度 b 不应小于主筋直径的 80%（图 5-14）。

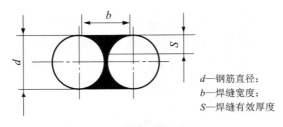

d—钢筋直径；
b—焊缝宽度；
S—焊缝有效厚度

图 5-14　焊缝尺寸示意

3）钢筋与钢板搭接焊时，焊缝宽度不得小于钢筋直径的 60%，焊缝有效厚度不得小于钢筋直径的 35%。

（2）熔槽帮条焊

熔槽帮条焊应用于直径 20mm 及以上钢筋的现场安装焊接。焊接时应加角钢作垫板模。接头形式（图 5-15）、角钢尺寸和焊接工艺应符合下列规定：

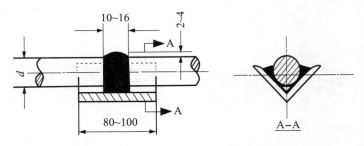

图 5-15　钢筋熔槽帮条焊接头

1）角钢边长宜为 40 ～ 70mm。

2）钢筋端头应加工平整。

3）从接缝处垫板引弧后应连续施焊，并应使钢筋端部熔合，防止未焊透、气孔或夹渣。

4）焊接过程中应及时停焊清渣；焊平后，再进行焊缝余高的焊接，其高度应为 2 ～ 4mm。

5）钢筋与角钢垫板之间，应加焊侧面焊缝 1 ～ 3 层，焊缝应饱满，表面应平整。

（3）窄间隙焊

窄间隙焊应用于直径 16mm 及以上钢筋的现场水平连接。焊接时，钢筋端部应置于铜模中，并应留出一定间隙，连续焊接，熔化钢筋端面，使熔敷金属填充间隙并形成接头（图 5-16）；其焊接工艺应符合下列规定：

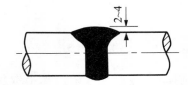

图 5-16　钢筋窄间隙焊接头

1）钢筋端面应平整。

2）选用低氢型焊接材料。

3）从焊缝根部引弧后应连续进行焊接，左右来回运弧，在钢筋端面处电弧应少许停留，并使熔合。

4）当焊至端面间隙的 4/5 高度后，焊缝逐渐扩宽；当熔池过大时，应改连续焊为断续焊，避免过热。

5）焊缝余高应为 2～4mm，且应平缓过滤至钢筋表面。

（4）坡口焊

坡口焊（图5-17）的准备工作和焊接工艺，应符合下列要求：

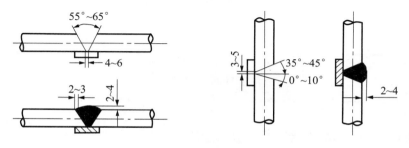

图5-17　钢筋坡口焊接头

1）坡口面应平顺，切口边缘不得有裂纹、钝边和缺棱。

2）坡口角度应在规定范围内选用。

3）钢垫板厚度宜为 4～6mm，长度宜为 40～60mm；平焊时，垫板宽度应为钢筋直径加 10mm；立焊时，垫板宽度宜等于钢筋直径。

4）焊缝的宽度应大于 V 形坡口的边缘 2～3mm，焊缝余高应为 2～4mm，并平缓过渡至钢筋表面。

5）钢筋与钢垫板之间，应加焊二层、三层侧面焊缝。

6）当发现接头中有弧坑、气孔及咬边等缺陷时，应立即补焊。

（5）预埋件电弧焊

预埋件 T 形接头电弧焊分为角焊和穿孔塞焊两种（图5-18）。

装配和焊接时，应符合下列规定：

1）当采用 HPB300 钢筋时，角焊缝焊脚尺寸（K）不得小于钢筋直径的 50%；采用其他牌号钢筋时，焊脚尺寸（K）不得小于钢筋直径的 60%。

2）施焊中，不得使钢筋咬边和烧伤。

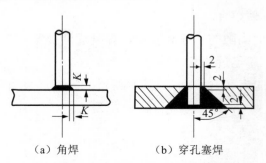

（a）角焊　　　　　　（b）穿孔塞焊

图 5-18　预埋件钢筋电弧焊 T 形接头

K—焊脚尺寸

3. 钢筋闪光对焊

钢筋闪光对焊的焊接工艺可分为连续闪光焊、预热闪光焊和闪光 - 预热闪光焊等，根据钢筋品种、直径、焊机功率、施焊部位等因素选用。钢筋闪光对焊的焊接工艺见表 5-6。

钢筋闪光对焊的焊接工艺　　　　　　　　　　　表 5-6

焊接工艺	图示及内容
连续闪光焊	连续闪光焊的工艺过程包括连续闪光和顶锻。 施焊时，先闭合一次电路，使两根钢筋端面轻微接触，此时端面的间隙中即喷射出火花般熔化的金属微粒——闪光，接着徐徐移动钢筋使两端面仍保持轻微接触，形成连续闪光。当闪光到预定的长度，使钢筋端头加热到将近熔点时，就以一定的压力迅速进行顶锻。先带电顶锻，再无电顶锻到一定长度，焊接接头即告完成

续表

焊接工艺	图示及内容
预热闪光焊	预热闪光焊是在连续闪光焊前增加一次预热过程，以扩大焊接热影响区。其工艺过程包括预热、闪光和顶锻。 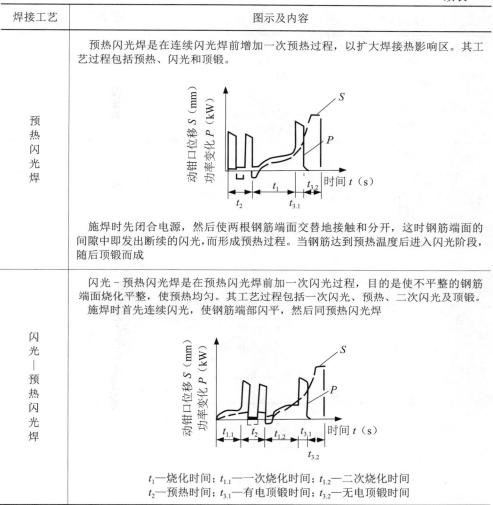 施焊时先闭合电源，然后使两根钢筋端面交替地接触和分开，这时钢筋端面的间隙中即发出断续的闪光，而形成预热过程。当钢筋达到预热温度后进入闪光阶段，随后顶锻而成
闪光—预热闪光焊	闪光－预热闪光焊是在预热闪光焊前加一次闪光过程，目的是使不平整的钢筋端面烧化平整，使预热均匀。其工艺过程包括一次闪光、预热、二次闪光及顶锻。 施焊时首先连续闪光，使钢筋端部闪平，然后同预热闪光焊 t_1—烧化时间；$t_{1.1}$——一次烧化时间；$t_{1.2}$——二次烧化时间 t_2—预热时间；$t_{3.1}$—有电顶锻时间；$t_{3.2}$—无电顶锻时间

连续闪光焊所能焊接的钢筋上限直径，应根据焊机容量、钢筋牌号等具体情况而定，并应符合表 5-7 的规定。

连续闪光焊钢筋上限直径　　　　　　　　　　　　　表 5-7

焊机容量	钢筋牌号	钢筋直径（mm）
160（150）	HPB300	22
	HRB335　HRBF335	22
	HRB400　HRBF400	20

div align="right">续表

焊机容量	钢筋牌号	钢筋直径（mm）
100	HPB300 HRB335　HRBF335 HRB400　HRBF400	20 20 18
80 （75）	HPB300 HRB335　HRBF335 HRB400　HRBF400	16 14 12

1）闪光对焊时，应选择调伸长度、烧化留量、顶锻留量以及变压器级数等焊接参数。闪光对焊三种工艺方法留量如图 5-19 所示。

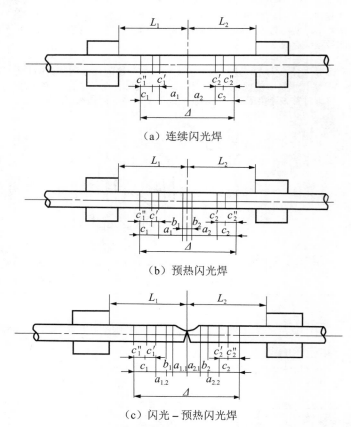

（a）连续闪光焊

（b）预热闪光焊

（c）闪光－预热闪光焊

图 5-19　钢筋闪光对焊三种工艺方法留量图解

L_1、L_2—调伸长度；a_1+a_2—烧化留量；$a_{1.1}+a_{2.1}$—一次烧化留量；
$a_{1.2}+a_{2.2}$—二次烧化留量；b_1+b_2—预热留量；c_1+c_2—顶锻留量；
$c_1'+c_2'$—有电顶锻留量；$c_1''+c_2''$—无电顶锻留量；Δ—焊接总留量

2）调伸长度的选择，应随着钢筋牌号的提高和钢筋直径的加大而增长，主要是减缓接头的温度梯度，防止在热影响区产生淬硬组织。当焊接 HRB400、HRBF400 等牌号钢筋时，调伸长度宜在 40 ～ 60mm 内选用。

3）烧化留量的选择，应根据焊接工艺方法确定。当连续闪光焊时，闪光过程应较长。烧化留量应等于两根钢筋在断料时切断机刀口严重压伤部分（包括端面的不平整度），再加 8 ～ 10m。

闪光 - 预热闪光焊时，应区分一次烧化留量和二次烧化留量。一次烧化留量不应小于 10mm。二次烧化留量不应小于 6mm。

4）需要预热时，宜采用电阻预热法。预热留量应为 1 ～ 2mm，预热次数应为 1 ～ 4 次；每次预热时间应为 1.5 ～ 2s，间歇时间应为 3 ～ 4s。

5）顶锻留量应为 4 ～ 10mm，并应随钢筋直径的增大和钢筋牌号的提高而增加。其中，有电顶锻留量约占 1/3，无电顶锻留量约占 2/3，焊接时必须控制得当。

焊接 HRB500 钢筋时，顶锻留量宜稍微增大，以确保焊接质量。

6）当 HRBF335 钢筋、HRBF400 钢筋、HRBF500 钢筋或 RRB400W 钢筋进行闪光对焊时，与热轧钢筋相比，应减小调伸长度，提高焊接变压器级数、缩短加热时间，加快顶锻，形成快热快冷条件，使热影响区长度控制在钢筋直径的 60% 范围之内。

7）变压器级数应根据钢筋牌号、直径、焊机容量以及焊接工艺方法等具体情况选择。

8）HRB500 钢筋焊接时，应采用预热闪光焊或闪光 - 预热闪光焊工艺。当接头拉伸试验结果，发生脆性断裂或弯曲试验不能达到规定要求时，尚应在焊机上进行焊后热处理。

4. 钢筋电阻点焊

钢筋电阻点焊是将两根钢筋安放成交叉叠接形式，压紧于两电极之间，利用电阻热熔化母材金属，加压形成焊点的一种压焊方法。

点焊过程可分为预压、通电、锻压三个阶段，如图 5-20 所示。在通电开始一段时间内，接触点扩大，固态金属因加热膨胀，在焊接压力作用下，焊接处金属产生塑性变形，并挤向工件间隙缝中；继续加热后，开始出现熔化点，并逐渐扩大成所要求的核心尺寸时切断电流。

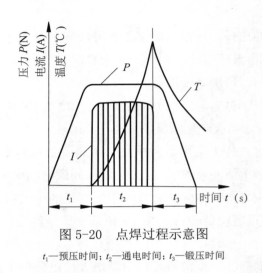

图 5-20 点焊过程示意图

t_1—预压时间；t_2—通电时间；t_3—锻压时间

焊点的压入深度应符合下列要求：

1）焊点的压入深度应为较小钢筋直径的 18% ～ 25%。

2）冷拔光圆钢丝、冷轧带肋钢筋点焊时，压入深度应为较小钢筋直径的 25% ～ 40%。

当焊接不同直径的钢筋时，焊接网的纵向与横向钢筋的直径应符合下式要求：

$$d_{min} \geqslant 0.6 d_{max}$$

电阻点焊应根据钢筋级别、直径及焊机性能等，合理选择变压器级数、焊接通电时间和电极压力。在焊接过程中应保持一定的预压时间和锻压时间。

钢筋点焊工艺，根据焊接电流大小和通电时间长短，可分为强参数工艺和弱参数工艺。强参数工艺的电流强度较大（120 ～ 360A/mm²），而通电时间很短（0.1 ～ 0.5s）；这种工艺的经济效果好，但点焊机的功率要大。弱参数工艺的电流强度较小（80 ～ 160A/mm²），而通电时间较长（> 0.5s）。点焊热轧钢筋时，除因钢筋直径较大而焊机功率不足需采用弱参数外，一般都可采用强参数，以提高点焊效率。点焊冷处理钢筋时，为了保证点焊质量，必须采用强参数。

5. 钢筋电渣压力焊

　　钢筋电渣压力焊是将两根钢筋安放成竖向对接形式，利用焊接电流通过两根钢筋端面间隙，在焊剂层下形成电弧过程和电渣过程，产生电弧热和电阻热，熔化钢筋，加压完成的一种压焊方法。这种焊接方法比电弧焊节省钢材、工效高、成本低，适用于现浇钢筋混凝土结构中竖向或斜向（倾斜度不大于10°）钢筋的连接。

　　电渣压力焊在供电条件差、电压不稳、雨期或防火要求高的场合应慎用。

　　焊接工艺要点如下：

　　1）焊接夹具的上下钳口应夹紧于上、下钢筋上；钢筋一经夹紧，不得晃动，且两钢筋应同心。

　　2）引弧可采用直接引弧法或铁丝圈（焊条芯）间接引弧法。

　　3）引燃电弧后，应先进行电弧过程，然后，加快上钢筋下送速度，使上钢筋端面插入液态渣池约 2mm，转变为电渣过程，最后在断电的同时，迅速下压上钢筋，挤出熔化金属和熔渣（图 5-21）。

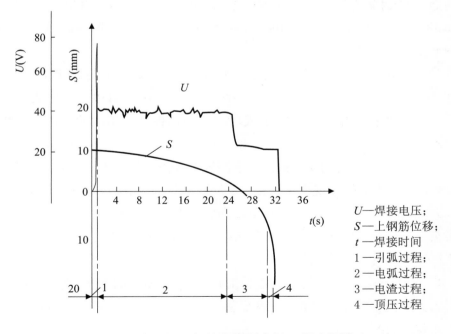

　　　　　　　　　　　　　　　　　　　　　　U—焊接电压；
　　　　　　　　　　　　　　　　　　　　　　S—上钢筋位移；
　　　　　　　　　　　　　　　　　　　　　　t—焊接时间；
　　　　　　　　　　　　　　　　　　　　　　1—引弧过程；
　　　　　　　　　　　　　　　　　　　　　　2—电弧过程；
　　　　　　　　　　　　　　　　　　　　　　3—电渣过程；
　　　　　　　　　　　　　　　　　　　　　　4—顶压过程

图 5-21　ϕ 28mm 钢筋电渣压力焊工艺过程图示

4）接头焊毕，应稍作停歇，方可回收焊剂和卸下焊接夹具；敲去渣壳后，四周焊包凸出钢筋表面的高度，当钢筋直径为 25mm 及以下时不得小于 4mm；当钢筋直径为 28mm 及以上时不得小于 6mm。

5）在焊接生产中焊工应进行自检，当发现偏心、弯折、烧伤等焊接缺陷时，应查找原因和采取措施，及时消除。

6. 钢筋气压焊

钢筋气压焊是采用一定比例的氧气和乙炔焰为热源，对需要连接的两钢筋端部接缝处进行加热，使其达到热塑状态，同时对钢筋施加 30～40MPa 的轴向压力，使钢筋顶锻在一起。该焊接方法使钢筋在还原气体的保护下，发生塑性流变后相互紧密接触，促使端面金属晶体相互扩散渗透、再结晶、再排列，形成牢固的焊接接头。这种方法设备投资少、施工安全、节约钢材和电能，不仅适用于竖向钢筋的连接，也适用于各种方向布置的钢筋连接。适用范围为直径 14～40mm 的 HPB300 级、HRB335 级和 HRB400 级钢筋（25MnSi HRB400 级钢筋除外）；当不同直径钢筋焊接时，两钢筋直径差不得大于 7mm。

1）钢筋端面应切平，切割时要考虑钢筋接头的压缩量，一般为（0.6～1.0）d。断面应与钢筋的轴线相垂直，端面周边毛刺应去掉。钢筋端部若有弯折或扭曲，应矫正或切除。切割钢筋应用砂轮锯，不宜用切断机。

2）清除压接面上的锈、油污、水泥等附着物，并打磨见新面。使其露出金属光泽，不得有氧化现象。压接端头清除的长度一般为 50～100mm。

3）钢筋的压接接头应布置在数根钢筋的直线区段内，不得在弯曲段内布置接头。有多根钢筋压接时，接头位置应按《混凝土结构工程施工质量验收规范》GB 50204—2015 的规定错开。

4）两钢筋安装于夹具上，在加工时应夹紧并加压顶紧。两钢筋轴线要对正，并对钢筋轴向施加 5～10MPa 初压力。钢筋之间的缝隙不得大于 3mm。压接面要求如图 5-22 所示。

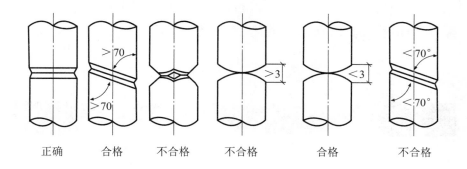

正确　　合格　　不合格　　不合格　　合格　　不合格

图 5-22　钢筋气压焊压接面要求

7. 埋弧压力焊

预埋件钢筋埋弧压力焊是将钢筋与钢板安放成 T 形连接形式，利用焊接电流通过，在焊剂层下产生电弧，形成熔池，加压完成的一种压焊方法。这种焊接方法工艺简单、工效高、质量好、成本低。

埋弧压力焊工艺过程应符合下列规定：

1）钢板应放平，并应与铜板电极接触紧密。

2）将锚固钢筋夹于夹钳内，应夹牢；并应放好挡圈，注满焊剂。

3）接通高频引弧装置和焊接电源后，应立即将钢筋上提，引燃电弧，使电弧稳定燃烧，再渐渐下送。

4）顶压时，用力应适度（图 5-23）。

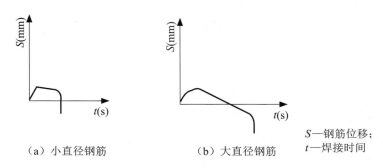

（a）小直径钢筋　　　（b）大直径钢筋

S—钢筋位移；
t—焊接时间

图 5-23　预埋件钢筋埋弧压力焊上钢筋位移

5）敲去渣壳，四周焊包凸出钢筋表面的高度，当钢筋直径为 18mm 及以下时，不得小于 3mm，当钢筋直径为 20mm 及以上时，不得小于 4mm。

第三节 焊条

1. 焊条的组成材料及其作用

（1）焊芯

焊芯是焊条中的钢芯。焊芯在电弧高温作用下与母材熔化在一起，形成焊缝，焊芯的成分对焊缝质量有很大影响。

焊芯的牌号用"H"表示，后面的数字表示含碳量。其他合金元素含量的表示方法与钢号大致相同。质量水平不同的焊芯在最后标以一定符号以示区别。如 H08 表示含碳量为 0.08% ～ 0.10% 的低碳钢焊芯；H08A 中的"A"表示优质钢，其硫、磷含量均不超过 0.03%；含硅量不超过 0.03%；含锰量 0.30% ～ 0.55%。

熔敷金属的合金成分主要从焊芯中过渡，也可以通过焊条药皮来过渡合金成分。

常用焊芯的直径为 $\phi2.0$、$\phi2.5$、$\phi3.2$、$\phi4.0$、$\phi5.0$、$\phi5.8$。焊条的规格通常用焊芯的直径来表示。焊条长度取决于焊芯的直径、材料、焊条药皮类型等。随着直径的增加，焊条长度也相应增加。

（2）焊条药皮

1）药皮的作用

①保证电弧稳定燃烧，使焊接过程正常进行。

②利用药皮熔化后产生的气体保护电弧和熔池，防止空气中的氮、氧进入熔池。

③药皮熔化后形成熔渣覆盖在焊缝表而保护焊缝金属，使它缓慢冷却，有助于气体逸出，防止气孔的产生，改善焊缝的组织和性能。

④进行各种冶金反应，如脱氧、还原、去硫、去磷等，从而提高焊缝质量，减少合金元素烧损。

⑤通过药皮将所需要的合金元素掺入到焊缝金属中，改进和控制焊缝金属的化学成分，以获得所希望的性能。

⑥药皮在焊接时形成套筒，保证熔滴过渡到熔池，可进行全位置焊接，同时使电弧热量集中，减少飞溅，提高焊缝金属熔敷效率。

2）药皮的组成

焊条的药皮成分比较复杂，根据不同用途，有下列数种：

①稳弧剂是一种容易电离的物质，多采用钾、钠、钙的化合物，如碳酸钾、长石、白垩、水玻璃等，能提高电弧燃烧的稳定性，并使电弧易于引燃。

②造渣剂都是些矿物，如大理石、锰矿、赤铁矿、金红石、高岭土、花岗石、长石、石英砂等。造成熔渣后，主要是一些氧化物，其中有酸性的 SiO_2、TiO_2、P_2O_2 等，也有碱性的 CaO、MnO、FeO 等。

③造气剂有机物，如淀粉、糊精、木屑等；无机物，如 $CaCO_3$ 等，这些物质在焊条熔化时能产生大量的一氧化碳、二氧化碳、氢气等，包围电弧，保护金属不被氧化和氮化。

④脱氧剂常用的有锰铁、硅铁、钛铁等。

⑤合金剂常用的有锰铁、铬铁、钼铁、钒铁等铁合金。

⑥稀渣剂常用萤石或二氧化钛来稀释熔渣，以增加其活性。

⑦胶粘剂用水玻璃，其作用使药皮各组成物粘结起来并粘结于焊芯周围。

- -

2. 焊条的保管与使用

- -

（1）焊条的保管

- -

1）各类焊条必须分类、分牌号存放，避免混乱。

2）焊条必须存放于通风良好，干燥的仓库内，需垫高并离墙 0.3m 以上，使上下左右空气流通。

（2）焊条的使用

1）焊条应有制造厂的合格证，凡无合格证或对其质量有怀疑时，应按批抽查试验，合格者方可使用，存放多年的焊条应进行工艺性能试验后才能使用。

2）焊条如发现内部有锈迹，须试验合格后方可使用。焊条受潮严重，药皮脱落者，一概予以报废。

3）焊条使用前，一般应按说明书规定烘焙温度进行烘干。

碱性焊条的烘焙温度一般为 350℃，1～2h。酸性焊条要根据受潮情况，在 70～150℃烘焙 1～2h。若贮存时间短且包装完好，使用前也可不再烘焙。烘焙时，烘箱应徐徐升高，避免将冷焊条放入高温烘箱内，或突然冷却，以免药皮开裂。

3. 焊条的质量检验

焊条质量评定首先进行外观质量检验，之后进行实际施焊，评定焊条的工艺性能，然后焊接试板，进行各项力学性能检验。

第六章
钢筋的绑扎与安装

第一节 钢筋绑扎、安装前的准备工作

（1）学习与审查施工图纸

施工图是钢筋绑扎与安装的基本依据，因此必须熟悉施工图上明确规定的钢筋安装位置、标高、形状、各细部尺寸与其他要求，并仔细审查各图纸之间是否有矛盾，钢筋的规格、数量是否有误，施工操作是否存在困难等。

（2）了解施工条件

施工条件所包括的范围很广，例如从钢筋加工地点运至现场的各种编号钢筋应沿哪条路线走，到现场之后应堆置在工地的哪一角落等。在一个工程中，通常有多个工种同时或先后进行作业，所以必须先同其他有关工种配合联系，并检查前一工序的进展情况。例如在基础工程中，应了解混凝土垫层浇捣和平整状况；应了解板、梁的模板清扫和滑润状况，以及坚固程度；与其他工种的必要配合顺序应如何协调（例如，在高层建筑的基础底板内需要穿过各种管道，这些管道安装与钢筋骨架的先后操作应怎样安排）。前一工序（或平行作业的工序）完成相应的作业是钢筋施工条件必备的前提。

（3）确定钢筋安装工艺

由于钢筋安装工艺在一定程度上影响着钢筋绑扎的顺序，因此必须根据单位工程已确定的基本施工方案、建筑物构造、施工场地、操作脚手架与起重机械等，来确定钢筋的安装工艺。

（4）安排用料顺序

所谓"料"是指每号钢筋，应根据工程施工进度的实际情况，确定在现场的某一区段需用哪一号钢筋多少根，应做到无论在绑扎场地或模板附近处，绑扎人员需要用到的钢筋随时都能取到。

安排用料顺序应落实到钢筋所在位置与所需钢筋编号的根数。在一般情况下，对于较复杂的工程或者钢筋用量较多的工程，应预先按安装顺序填写用料表，将它作为提取用料的依据，并且参看这份表进行安装。钢筋用料表的参考格式，见表 6-1。它是按照施工进度要求编制的，所需钢筋编号的根数并不是图纸上写明的钢筋材料表上那号钢筋的总根数。例如某工程有 L-2 梁 5 根，每根梁上有 4 根 6 号钢筋，那么 6 号钢筋总共需 20 根，而第一次在工程某区段只安装 L-2 梁 2 根，因此只需提取 8 根 6 号钢筋，而不是 20 根。

有的钢筋由于原材料长度不足，需由多段钢筋接长，因此对于被分段的钢筋，应进行补充编号。例如有 1 根编号为 6 号的钢筋，是要分成几段另立分号的，在编制钢筋材料表时已由有关人员处理，因此钢筋绑扎安装准备的用料表中必须与原材料表核对，均要写明，如 6-1、6-2、6-3、6-4、……。但是，各段钢筋长度不同，它们应该配套成组安装，因此在钢筋用料表中要做上记号，如 6-1 与 6-2、6-3 与 6-4……配套成组，可以勾画连在一起。为了便于迅速查取所要安装的各号钢筋，对于工程量较大的施工现场也可以拟制内容更为详细的表格，例如构件数量、该编号钢筋的形状或特征等。

钢筋用料表　　　　　　　表 6-1

工程名称	用料顺序							
	1				2			
	用料部位	用料时间	钢筋编号	需要根数	用料部位	用料时间	钢筋编号	需要根数
××小区××号楼	西一单元基础	××年××月××日上午	4 6 7-1 7-2 7-3 7-4 7-5 9-1 9-2 ……	16 20 14 16 14 14 12 12 24 ……	西二单元 L-2 梁	××年××月××日下午	1 2 3 4 5 6 7 8 9 ……	3 2 24 8 4 8 10 14 12 ……

（5）核对实物

施工图（包括设计变更通知单）与钢筋用料表只是书面上的资料，在做施工准备时，还应对实际成型的钢筋加以落实，查看它们到底是否已经准备好，放在仓库或场地的哪一个位置，钢筋的规格、根数与式样等是否与书面资料符合（也可以按照料牌进行核对）。在施工现场，绑扎、安装前必须着重检查钢筋锈蚀状况，确定是否有必要进行除锈；对钢筋表面的任何污染（如油渍、黏附的泥土）均应事先清除干净。

在绑扎复杂的结构部位时，应研究好钢筋穿插就位的顺序及与模板等其他专业的配合先后次序，以减少绑扎困难。

（6）准备施工用具与材料

必要的施工用具（如绑扎用的铁钩、绑扎架、撬棍、扳子等）以及材料（如垫出混凝土保护层的砂浆垫块、绑扎用的铁丝等）均应预先准备就绪。根据钢筋骨架的具体形状与处于混凝土中的位置，有时需要设置一些撑脚、支架与挂钩等，以供固定或维持其处于准确位置。这些物件均需提前做好准备，而有的必须经过计算，以确定具体尺寸，较复杂的支撑件形状还应经过专门设计。

钢筋绑扎用的钢丝，可采用 20～22 号钢丝。其中，22 号钢丝只用于绑扎直径 12mm 以下的钢筋。钢丝长度可按表 6-2 的数值采用；由于钢丝是成盘供应的，因此习惯上是按每盘钢丝周长的几分之一来切断。

钢筋绑扎钢丝长度参考表　　　　　　　　　　表 6-2

钢筋直径（mm）	6～8	10～12	14～16	18～20	22	25	28	32
6～8	150	170	190	220	250	270	290	320
10～12	—	190	220	250	270	290	310	340
14～16	—	—	250	270	290	310	330	360
18～20	—	—	—	290	310	330	350	380
22	—	—	—	—	330	350	370	400

准备控制混凝土保护层用的水泥砂浆垫块或塑料卡。水泥砂浆垫块的厚度应等于保护层厚度。对于垫块的平面尺寸，在保护层厚度等于或小于 20mm 时，为 30mm×30mm；在保护层厚度大于 20mm 时，为 50mm×50mm。在垂直方向使用垫块时，可以在垫块中埋入 20 号钢丝。

塑料卡的形状主要有塑料垫块和塑料环圈两种，如图 6-1 所示。塑料垫块主要用于水平构件（如梁、板），在两个方向均有凹槽，以便适应两种保护层厚度。塑料环圈主要用于垂直构件（如墙、柱），使用时钢筋从卡嘴进入卡腔；由于塑料环圈有弹性，因此能够使卡腔的大小适应钢筋直径的变化。

（a）塑料垫块　　　　（b）塑料环圈

图 6-1　控制混凝土保护层用的塑料卡

1—卡腔；2—卡嘴；3—卡喉；4—环栅；5—环孔；6—环壁；7—内环；8—外环

（7）画出钢筋位置线

1）画线处：为了便于绑扎钢筋，确定其相应位置，在操作时，需要在该位置上事先用粉笔画上标志(通常称为"画线")。例如,1根梁的纵筋,如图6-2所示, 长5960mm, 按箍筋间距的要求, 可在纵筋上画线。

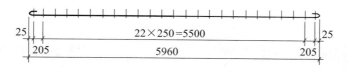

图6-2 画线

一般情况下, 梁的箍筋位置应画在纵向钢筋上;平板或墙板钢筋应画在模板上;柱的箍筋应画在两根对角线纵向钢筋上;对于基础的钢筋, 每个方向的两端各取1根画点, 或画在垫层上。

2)根数和间距计算:钢筋的根数和间距在图纸上经常标明不一致, 有的施工图上仅写出钢筋间距, 就必须将所用根数算出来;有的施工图上仅写出钢筋根数, 就必须将它们的间距算出来。

有关计算工作应在钢筋安装之前做好。可以按照以下两个式子进行计算:

$$n=\frac{s}{a}+1$$

$$a=\frac{s}{a-1}$$

式中:n——钢筋根数;

s——配筋范围的长度;

a——钢筋间距。

n、s、a之间的关系, 如图6-3所示, 其中配筋范围的长度是指首根钢筋至末根钢筋之间的范围;n根钢筋实际上有$n-1$个间距。

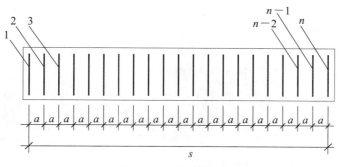

图6-3 n、s、a的关系

3）复核间距：一般施工图上标明的钢筋间距是整数的，只是近似值，遇到这种情况，应先算出实际需用的根数，然后加以复核，以确定实际间距。

第二节 绑扎的方法

钢筋绑扎是借助钢筋钩用钢丝把各种单根钢筋绑扎成整体骨架或网片。现在钢筋的绑扎大多是根据施工需要在现场就地进行科学、合理、快速的绑扎。我们常用的钢筋绑扎工具，主要有钢丝钩、小撬棒、力矩板子等（图6-4）。

图6-4　绑扎工具

钢筋绑扎常用的方法，见表6-3。

钢筋绑扎的方法　　　　　　　　　　　　　　　　表6-3

方法	图示及说明
一面顺扣绑扎法	使用一面顺扣绑扎法绑扎时，先将钢丝扣穿套在钢筋交叉部位，接着用钢筋钩勾住钢丝弯成圆圈的一端，旋转1.5～2.5圈即可。操作时，扎扣要短，才能少转快扎。这种方法操作简便，绑点牢靠，适用于钢筋网、骨架各个部位的绑扎。 一面顺扣绑扎法主要用于楼板及底板的钢筋绑扎。

续表

方法	图示及说明
十字花扣绑扎法	先将钢丝从横向钢筋一侧穿过，绕纵向钢筋返回横向钢筋，旋转绑紧。 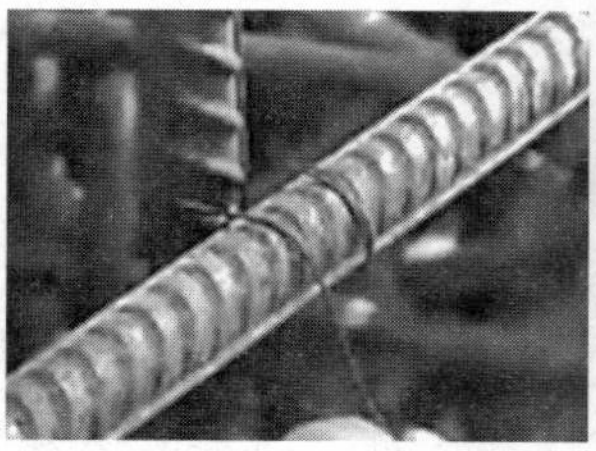  十字花扣绑扎法主要用于柱、梁钢筋绑扎。
反十字花扣绑扎法	将钢丝从横向钢筋一侧穿过，绕纵向钢筋一圈，并从横向钢筋下方向上返搭、旋转绑紧。 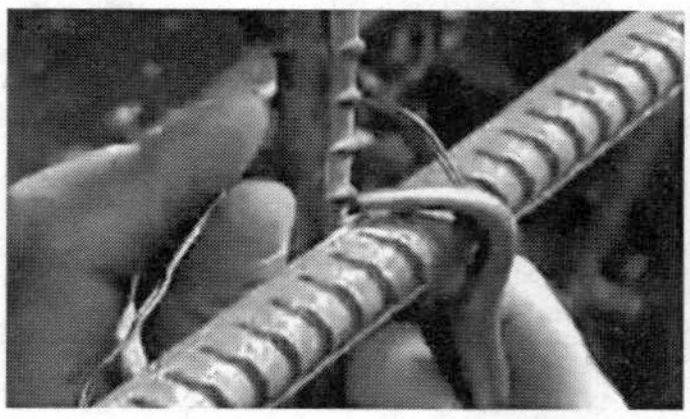  反十字花扣绑扎法主要用于剪力墙钢筋绑扎。
兜扣绑扎法	将钢丝从纵向钢筋下端向外勾住，绕横向钢筋向后盘绕一圈，然后旋转绑紧。  兜扣绑扎法主要用于梁的架立筋的绑扎。
缠扣绑扎法	钢丝在纵向钢筋缠绕一圈，返回横向钢筋，旋转绑紧即可。  缠扣绑扎法主要用于不宜操作部位的绑扎。

续表

方法	图示及说明
套扣绑扎法	1　2　3 套扣绑扎法主要用于梁的架立钢筋及箍筋的绑扎。
兜扣加缠绑扎法	1　2　3　4 兜扣加缠绑扎法主要用于梁骨架的箍筋和主筋的绑扎。

第三节　钢筋骨架的绑扎操作

建筑工程的主体结构，一般是由梁、柱、板、墙四部分组成（图6-5）。

（a）梁　　　（b）柱

图6-5　主体结构示意图

（c）板　　　　　　　　　　　（d）墙

图 6-5　主体结构示意图（续）

钢筋骨架绑扎的操作方法，见表 6-4。

钢筋骨架的绑扎　　　　　　　　　　　　　表 6-4

项目	图示及说明
独立基础钢筋的绑扎	绑扎钢筋网片时，首先画好受力钢筋、分布筋间距，按画好的间距先摆受力钢筋，再放分布钢筋。  预埋件、电线管、预留孔等及时配合安装。  先绑扎底面钢筋的两端，以便固定底面钢筋的位置。  在绑扎钢筋网时，四周两行钢筋交叉点应每点扎牢，中间部分交叉点可相隔交错扎牢。

项目	图示及说明

必须保证受力钢筋不位移。

双向主筋的钢筋网，则必须将全部钢筋的交叉点扎牢，绑扎时应注意相邻绑扎点的钢丝口要呈八字形，以免网片歪斜、变形。

基础底板采用双层钢筋网时，在上层钢筋网下面应放置专门、统一焊接好的撑脚。用以固定钢筋的位置，准确限制钢筋，不发生位移；控制钢筋网，不发生变形。确保基础底板钢筋网的稳定性和整个工程的质量。

独立基础钢筋的绑扎

项目	图示及说明
梁钢筋绑扎	（1）工艺流程 梁钢筋绑扎的工艺流程：画主次梁箍筋间距→放主梁次梁箍筋→穿主梁底层纵筋→穿次梁底层纵筋与箍筋固定、穿主梁上层纵向架立筋→按箍筋间距绑扎→穿次梁上层纵向钢筋→按箍筋间距绑扎。 （2）工艺要点 1）在梁的侧模板上画出箍筋间距、摆放箍筋，先穿主梁的下部纵向受力钢筋及弯起钢筋，将箍筋按已画好的间距逐个分开，穿次梁的下部纵向受力钢筋及弯起钢筋，并套好箍筋。 2）放梁的架立筋，隔一定间距将架立筋与箍筋绑扎牢固，调整箍筋间距，使间距符合设计要求。 3）绑架立筋，再绑主筋，主次梁同时配合进行，框架梁上部纵向钢筋应贯穿中间节点，梁下部纵向钢筋深入中间节点锚固长度及伸过中心线的长度要符合设计要求。 4）框架梁纵向钢筋在节点内的锚固长度也要符合设计要求。 5）梁柱节点钢筋的绑扎。  钢筋的接头应交错布置在柱的四个角的纵向钢筋上。 箍筋转角与纵向钢筋交叉点均应绑扎牢固。梁的钢筋应放在柱的纵向钢筋内侧。  

续表

项目	图示及说明
梁钢筋绑扎	与柱中的竖向钢筋搭接时，角部的钢筋弯钩应与模板呈45°角；中间钢筋的弯钩，应与模板呈90°角。  箍筋的接头应交错布置在四角纵向钢筋上。  绑梁上部纵向筋的箍筋宜用套扣法绑扎。  1 2 3

    6）梁筋的搭接：梁的受力钢筋直径大于等于22mm时，宜采用焊接接头；小于22mm时，可采用绑扎接头。搭接长度要符合规范的规定，搭接长度末端与钢筋弯折处的距离不得小于钢筋直径的10倍，接头不宜位于构件最大弯矩处，搭接处应在中心和两端扎牢。

    注：接头位置应相互错开，当采用绑扎搭接接头时，在规定搭接长度的范围内，有接头的受力钢筋截面面积占受力钢筋总截面面积百分率，受拉区不大于50%。

项目	图示及说明
梁钢筋绑扎	7）梁与板的绑扎注意事项： 横向受力钢筋采用双层排列，两排钢筋之间应垫一直径不小于 25mm 的短钢筋，以保持其设计距离。  钢筋的接头应交错布置在两根架立钢筋上。  板的钢筋网绑扎与基础相同，但应注意板上部的负荷，要防止被踩下。框架节点处钢筋穿插十分稠密时，为了便于浇筑混凝土，应特别注意梁顶面主筋间的净距要保持不小于 30mm。  绑扎高层建筑的圈梁、挑檐、外墙、边柱钢筋时，应搭设外挂架或安全网。

续表

项目	图示及说明
梁钢筋绑扎	
柱钢筋的绑扎	（1）工艺流程 柱钢筋绑扎工艺流程：弹柱子线→剔凿混凝土表面浮浆→修理柱子筋→套柱子筋→搭接绑扎竖向受力筋→画箍筋间距线→绑箍筋。 （2）工艺要点 1）套柱箍筋：根据图纸要求间距，计算好每根柱箍筋数量，先将箍筋套在下层伸出的搭接筋上，然后立柱子钢筋，在搭接长度之内，绑扣不少于 3 个，绑扣要向柱中心。若柱子主筋采用光圆钢筋搭接时，则角部弯钩应与模板成 45°角，中间钢筋的弯钩应与模板成 90°角。 2）搭接绑扎竖向受力筋：柱子主筋立起之后，绑扎接头的搭接长度、接头面积百分率应满足设计要求。 3）画箍筋间距线：按照图纸要求在立好的柱子竖向钢筋上，用粉笔画箍筋间距线。 4）柱箍筋绑扎： ①按照已画好的箍筋位置线，往上移动已套好的箍筋，由上往下绑扎，宜采用缠扣绑扎。 ②箍筋与主筋要垂直，箍筋转角处与主筋交点都要绑扎，主筋与箍筋非转角部分的相交点成梅花交错绑扎。 ③箍筋的弯钩叠合处应沿着柱子竖筋交错布置，并绑扎牢固。 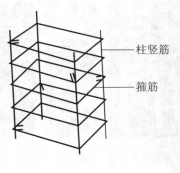

柱竖筋

箍筋

项目	图示及说明
柱钢筋的绑扎	④在有抗震要求的地区，柱箍筋端头应弯成135°，平直部分长度不小于10d（d为箍筋直径），如下图所示。如箍筋采用90°搭接，并且搭接处应焊接，焊缝长度单面焊缝不小于10d。 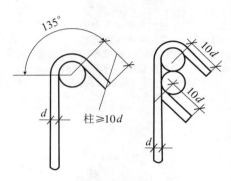 5）柱基、柱顶、梁柱交接处箍筋间距应根据设计要求加密。柱上下两端箍筋应加密，加密区长度及其内箍筋间距应满足符合设计图纸要求。若设计要求箍筋设拉筋时，则拉筋应勾住箍筋。 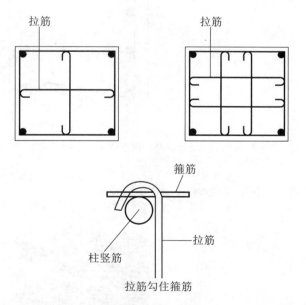 6）柱筋保护层厚度应满足规范要求，主筋外皮为25mm，垫块应绑在柱竖筋外皮上，间距通常为1000mm，（或用塑料卡卡在外竖筋上）以确保主筋保护层厚度准确无误。当柱截面尺寸有变化时，柱应在板内弯折，弯后的尺寸要满足设计要求

续表

项目	图示及说明
墙钢筋的绑扎	（1）工艺流程 工艺流程：弹墙体线→剔凿墙体混凝土浮浆→修理预留搭接钢筋→绑纵向筋→绑横向筋→绑拉筋或支撑筋。 （2）工艺要点 1）调直理顺预留钢筋，并将表面砂浆等杂物清理干净。先立2～4根纵向筋，并画好横筋分档标志，然后于下部及齐胸处绑两根定位水平筋，并在横筋上作好分档标志，然后再绑扎其余纵向筋，最后绑扎剩余横筋。若墙中有暗梁、暗柱时，则应先绑暗梁、暗柱再绑周围横筋。 2）墙的纵向钢筋每段长度不宜超过4m（钢筋直径≤12mm）或6m（钢筋直径>12mm），水平段每段长度不宜超过8m，以便于绑扎。 3）墙的钢筋网绑扎同基础，钢筋的弯钩应朝向混凝土内。 4）当采用双层钢筋网时，在两层钢筋间应设置撑铁，用来固定钢筋间距。撑铁可以用直径6～10mm的钢筋制成，长度等于两层网片之间的净距如下图所示，其间距约为1m，相互错开排列。 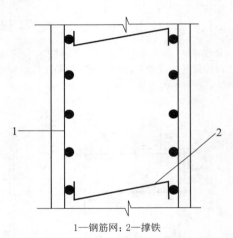 1—钢筋网；2—撑铁 5）墙的钢筋网绑扎。全部钢筋的相交点都要扎牢，绑扎时相邻绑扎点的钢丝扣成八字形，防止网片歪斜变形。 6）为控制墙体钢筋保护层厚度，宜在原位采用比墙体竖向钢筋大一型号的钢筋梯子凳替代墙体钢筋，间距在1500mm左右。 7）墙的钢筋，可以在基础钢筋绑扎之后浇筑混凝土前插入基础内。 

续表

项目	图示及说明
墙钢筋的绑扎	8）应在模板安装前进行墙钢筋的绑扎。 （3）墙板钢筋的绑扎注意事项 1）垂直钢筋每段长度不宜超过 4～6m。 2）水平钢筋每段长度不宜超过 8m。 3）钢筋的弯钩应朝向混凝土。 4）当采用双层钢筋网时，必须设置焊接好的撑脚（直径 6～12mm 的钢筋撑铁，间距 80～100cm，相互错开排列） 
板钢筋绑扎	（1）工艺流程 工艺流程：清理模板→模板上画线→绑板下层受力筋→绑板上层（弯矩）钢筋。 （2）工艺要点 1）清理模板上面的杂物，用粉笔在模板上画好主筋、分布筋间距。 2）根据画好的间距，先摆放受力主筋、后放分布筋。预埋件、电线管、预留孔等及时配合安装。 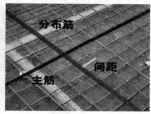 3）当现浇板中有板带梁时，应先绑板带梁钢筋，然后再摆放板钢筋。 4）绑扎板筋时通常用顺扣或八字扣，除外围两根钢筋的相交点应全部绑扎外，其余各点可交错绑扎（双向板相交点需全部绑扎）。若板为双层钢筋，两层钢筋之间须加钢筋撑脚。以保证上部钢筋的位置。负弯矩钢筋每个相交点均要绑扎。 1 2 3  5）在钢筋的下面垫好砂浆垫块，间距 1.5m。垫块的厚度等于保护层厚度，应符合设计要求，若设计无要求时，板的保护层厚度应为 15mm。钢筋搭接长度与搭接位置的要求同前面所述梁

项目	图示及说明
楼梯钢筋绑扎	（1）工艺流程 楼梯钢筋骨架通常是在底模板支设后进行绑扎。 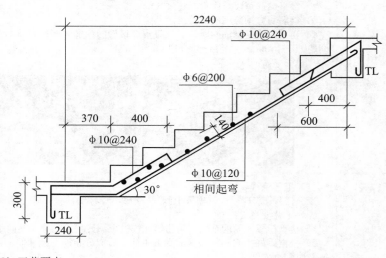 （2）工艺要点 1）在楼梯底板上画主筋及分布筋的位置线。 2）钢筋的弯钩全部应向内，不准踩 在钢筋骨架上进行绑扎。 3）按照设计图纸中主筋、分布筋的方向，先绑扎主筋后绑扎分布筋，每个交点均应绑扎。若有楼梯梁时，则先绑梁筋后绑板筋。板筋要锚固到梁内。 4）绑完底板筋，待踏步模板支好后，再绑扎踏步钢筋。主筋接头数量和位置均要满足设计及施工质量验收规范的规定
钢筋网片、骨架的预制绑扎	（1）钢筋网片预制绑扎 工艺流程：平地上画线→摆放钢筋→绑扎→临时加固钢筋的绑扎。 钢筋网片的预制绑扎多用于小型构件。此时，钢筋网片的绑扎多在工作台上或者平地上进行，其绑扎形式如下图所示。 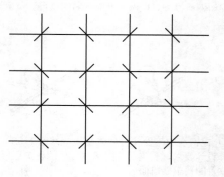

项目	图示及说明
钢筋网片、骨架的预制绑扎	为避免在运输、安装过程中发生歪斜、变形状况，大型钢筋网片的预制绑扎，应采用加固钢筋在斜向拉结的形式，如下图所示。 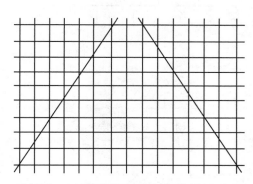 钢筋网片若为单向主筋时，只需把外围两行钢筋的交叉点逐点绑扎，而中间部位的交叉点可隔根呈梅花状绑扎；若为双向主筋时，应牢固绑扎全部的交叉点。相邻绑扎点的钢丝扣要成八字形，防止网片歪斜变形。 （2）钢筋骨架预制绑扎 绑扎钢筋骨架必须使用钢筋绑扎架，钢筋绑扎架构造合理与否，将会直接影响绑扎效率及操作安全。 绑扎轻型骨架（如小型过梁等）时，通常选用单面或双面悬挑的钢筋绑扎架。这种绑扎架的钢筋和钢筋骨架，在绑扎操作时其穿、取、放、绑扎都相对比较方便。绑扎重型钢筋骨架时，可用两个三脚架搭一光面圆钢组成一对，并由几对三脚架组成一组钢筋绑扎架。因为这种绑扎架是由几个单独的三脚架组成，使用比较灵活，可以调节高度和宽度，稳定性也较好，所以可确保操作安全。 钢筋骨架预制绑扎操作步骤： 1）布置钢筋绑扎架，安放横杆，并把梁的受拉钢筋与弯起钢筋置于横杆上，并且受拉钢筋弯钩与弯起钢筋的弯起部分朝下。 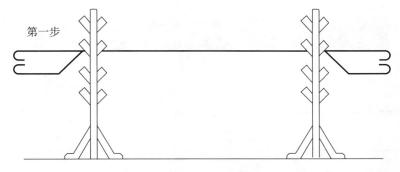 第一步 2）从受力钢筋中部往两边按照设计要求标出箍筋的间距，把全部箍筋自受力钢筋的一端套入，并按照间距摆开，与受力钢筋绑扎好。

续表

项目	图示及说明
钢筋网片、骨架的预制绑扎	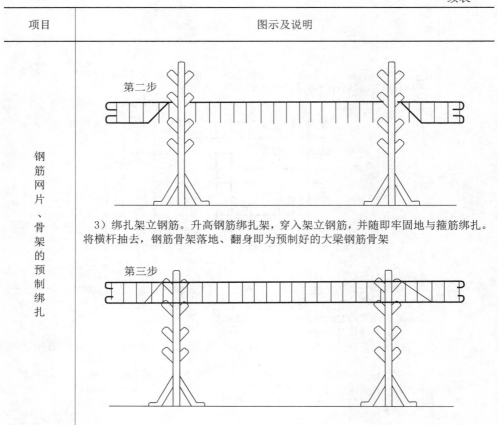第二步 3）绑扎架立钢筋。升高钢筋绑扎架，穿入架立钢筋，并随即牢固地与箍筋绑扎。将横杆抽去，钢筋骨架落地、翻身即为预制好的大梁钢筋骨架 第三步

第四节 钢筋网、架的安装

1. 绑扎钢筋网、架的安装

　　单片或单个的预制钢筋网、架的安装比较简单，只要在钢筋入模后，按规定的保护层厚度垫好垫块，即可进行下一道工序。但当多片或多个预制的钢筋网、架（尤其是多个钢筋骨架）在一起组合使用时，则要注意节点相交处的交错和搭接。

钢筋网与钢筋骨架应分段（块）安装，其分段（块）的大小、长度应按结构配筋、施工条件、起重运输能力来确定。一般钢筋网的分块面积为 $6 \sim 20m^2$，钢筋骨架的分段长度为 $6 \sim 12m$。

在运输和安装过程中，不允许变形，要采取临时加固措施，如图6-6、图6-7所示。

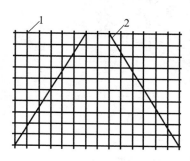

图6-6　绑扎钢筋网的临时加固

1—钢筋网；2—加固筋

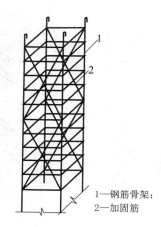

1—钢筋骨架；
2—加固筋

图6-7　绑扎骨架的临时加固

确定好节点和吊装方法。吊装节点应根据大小、形状、重量及刚度而定，由施工员确定起吊节点。宽度大于1m的水平钢筋网宜采用四点起吊；跨度小于6m的钢筋骨架宜采用两点起吊。跨度大、刚度差的钢筋骨架宜采用横吊梁（铁扁担）四点起吊，如图6-8所示。

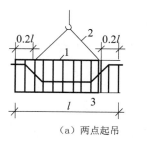

（a）两点起吊

1—钢筋骨架；
2—吊索；
3—兜底索；
4—铁扁担；
5—短钢筋

（b）采用铁扁担四点起吊

图6-8　钢筋骨架的绑扎起吊

为保证吊运钢筋骨架时吊点处钩挂的钢筋不变形,在钢筋骨架内的挂吊钩处设置短钢筋,将吊钩挂在短钢筋上,这样可以不用兜吊,既有效地防止了骨架变形,又防止了骨架中局部钢筋的变形,如图6-9所示。

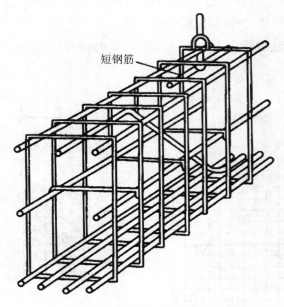

图 6-9　加短钢筋起吊钢筋骨架

另外,在搬运大钢筋骨架时,还要根据骨架的刚度情况,决定骨架在运输中的临时加固措施。如截面高度较大的骨架,为防止其歪斜,可用细钢筋进行拉结;柱骨架一般刚度比较小,故除采用上述方法外,还可以用细竹竿、杉杆等临时绑扎加固。

2. 钢筋焊接网、架的安装

(1) 钢筋焊接网制作要求

1) 钢筋焊接网宜采用 CRB550 级冷轧带肋钢筋或 HRB400 级热轧带肋钢筋制作,也可采用 CPB550 级冷拔光圆钢筋制作。

2) 钢筋焊接网分为定型焊接网和定制焊接网两种。

定型焊接网在两个方向上的钢筋间距和直径可以不同，但在同一方向上的钢筋宜有相同的直径、间距和长度。

（2）钢筋焊接网的质量检验

1）钢筋焊接网应按批验收，每批应由同一厂家、同一原材料来源、同一生产设备并在同一连续时段内生产的、受力主筋为同一直径的焊接网组成，重量不应大于30t。

2）每批焊接网应抽取5%（不小于3片）的网片，并按以下规定进行外观质量和几何尺寸的检验：

①钢筋焊接网交叉点开焊数量不应超过整张网片交叉点总数的1%。并且任一根钢筋上开焊点数不得超过该根钢筋上交叉点总数的50%。焊接网最外围钢筋上的交叉点不得开焊。

②焊接网表面不得有影响使用的缺陷，可允许有毛刺、表面浮锈以及因取样产生的钢筋局部空缺，但空缺必须用相应的钢筋补上。

③焊接网几何尺寸的允许偏差应符合表6-5的规定，且在一张网片中纵、横向钢筋的数量应符合设计要求。

焊接网几何尺寸允许偏差　　　　　　　　　　　　　表6-5

项目	允许偏差
网片的长度、宽度（mm）	±25
网格的长度、宽度（mm）	±10
对角线差（%）	±1

注：1. 当需方有要求时，经供需双方协商，焊接网片长度和宽度的允许偏差可取 ±10mm。
　　2. 表中对角线差是指网片最外边两个对角焊点连线之差。

④冷拔光圆钢筋焊接网中，钢筋直径的允许偏差应符合表6-6的规定。

冷拔光圆钢筋直径允许偏差（mm）　　　　　　　　表6-6

钢筋公称直径 d	$d \leqslant 5$	$5 < d < 10$	$d \geqslant 10$
允许偏差	±0.10	±0.15	±0.20

3）对钢筋焊接网应从每批中随机抽取一张网片，进行重量偏差检验，其

实际重量与理论重量的允许偏差为 ±4.5%。

（3）箍筋的技术要求

1）对有抗震要求的梁，箍筋应做成封闭式，并应在箍筋末端做成 135°的弯钩，弯钩末端平直段长度应不小于 10 倍箍筋直径（图 6-10）；对一般结构的梁，箍筋应做成封闭式，应在角部弯成稍大于 90°的弯钩，箍筋末端平直段的长度不应小于 5 倍箍筋直径（图 6-11）。

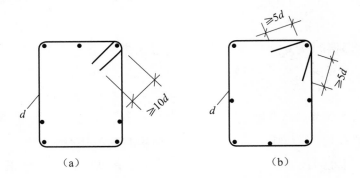

图 6-10　封闭式箍筋

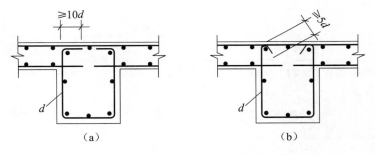

图 6-11　"U"形开口箍筋

2）对整体现浇梁板结构中的梁（边梁除外），当采用"U"形开口箍筋笼时，箍筋应尽量靠近构件周边位置，开口箍的顶部应布置连续的焊接网片。带肋钢筋箍筋可采用图 6-11 的形式。

（4）钢筋焊接网的搭接方法

1）叠搭法。一张网片叠在另一张网片上的搭接方法（图 6-12）。

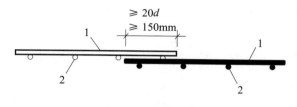

图 6-12　叠搭法

1—纵向钢筋；2—横向钢筋

2）平搭法。一张网片的钢筋镶入另一张网片，使两张网片的纵向和横向钢筋各自在同一平面内的搭接方法（图 6-13）。

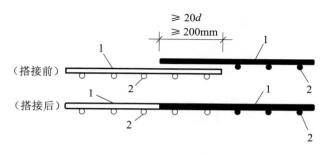

图 6-13　平搭法

1—纵向钢筋；2—横向钢筋

3）扣搭法。一张网片扣在另一张网片上，使横向钢筋在一个平面内、纵向钢筋在两个不同平面内的搭接方法（图 6-14）。

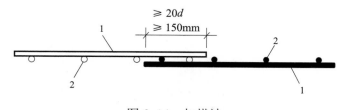

图 6-14　扣搭法

1—纵向钢筋；2—横向钢筋

（5）钢筋焊接网的安装要求

1）钢筋焊接网运输时应捆扎整齐、牢固，每捆质量不宜超过 2t，必要时应加刚性支撑或支架。

2）进场的钢筋焊接网宜按施工要求堆放，并应有明显的标志。

3）附加钢筋宜在现场绑扎，并应符合现行国家标准《混凝土结构工程施工规范》GB 50666—2011 的有关规定。

4）对两端须插入梁内锚固的焊接网，当网片纵向钢筋较细时，可利用网片的弯曲变形性能，先将焊接网中部向上弯曲，使两端能先后插入梁内，然后铺平网片；当钢筋较粗焊接网不能弯曲时，可将焊接网的一端少焊 1～2 根横向钢筋，先插入该端，然后退插另一端，必要时可采用绑扎方法补回所减少的横向钢筋。

5）钢筋焊接网安装时，下部网片应设置与保护层厚度相当的塑料卡或水泥砂浆垫块；板的上部网片应在接近短向钢筋两端，沿长向钢筋方向每隔 600～900mm 设一钢筋支架（图 6-15）。

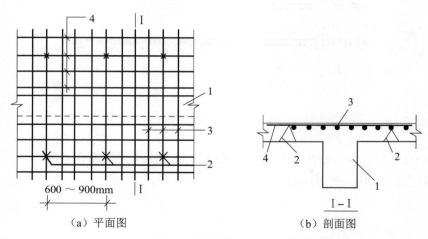

（a）平面图　　　　　　　（b）剖面图

图 6-15　上部钢筋焊接网的支墩

1—梁；2—支墩；3—短向钢筋；4—长向钢筋

6）板、墙、壳类构件纵向受力钢筋的混凝土保护层厚度（从钢筋外边缘算起）应不小于钢筋的公称直径，且应符合表 6-7 的规定。

混凝土保护层的最小厚度（mm）	表 6-7
环境类别	板、墙、壳
一	15
二 a	20

续表

环境类别	板、墙、壳
二 b	25
三 a	30
三 b	40

注：1. 混凝土强度等级不大于 C25 时，表中保护层厚度数值应增加 5mm。
 2. 钢筋混凝土基础宜设置混凝土垫层，基础中钢筋的混凝土保护层厚度应从垫层顶面算起，且不应小于 40mm。

7）钢筋焊接网在受压方向的搭接长度，应取受拉钢筋搭接长度的 0.7 倍，且应不小于 150mm。

8）带肋钢筋焊接网在非受力方向的分布钢筋的搭接，当采用叠搭法或扣搭法时，在搭接范围内每个网片至少应有一根受力主筋，搭接长度应不小于 $20d$（d 为分布钢筋直径）且应不小于 150mm；当采用平搭法且一张网片在搭接区内无受力主筋时，其搭接长度应不小于 $20d$ 且应不小于 200mm。

注：当搭接区内分布钢筋的直径 $d > 8mm$ 时，其搭接长度应按以上的规定值增加 $5d$ 取用。

9）带肋钢筋焊接网双向配筋的面网宜采用平搭法。搭接宜设置在距梁边 1/4 净跨区段以外，其搭接长度应不小于 $30d$（d 为搭接方向钢筋直径），且应不小于 250mm。

10）对嵌固在承重砌体墙内的现浇板，其上部焊接网的钢筋伸入支座的长度不宜小于 110mm，并在网端应有一根横向钢筋，如图 6-16（a）所示或将上部受力钢筋弯折，如图 6-16（b）所示。

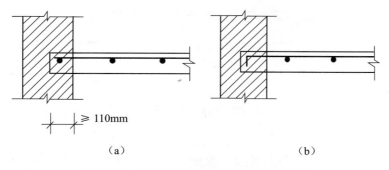

（a） （b）

图 6-16 板上部受力钢筋焊接网的锚固

11）当端跨板与混凝土梁连接处按构造要求设置上部钢筋焊接网时，其钢筋伸入梁内的长度应不小于 $30d$，当梁宽较小不满足 $30d$ 时，应将上部钢筋弯折，如图 6-17 所示。

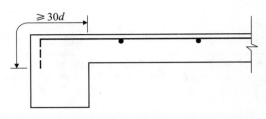

图 6-17　板上部钢筋焊接网与混凝土梁（边跨）的连接

12）对布置有高差板的带肋钢筋面网，当高差大于 30mm 时，面网宜在有高差处断开，分别锚入梁中，如图 6-18 所示。

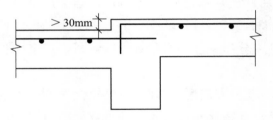

图 6-18　高差板的面网布置

13）当梁两侧板的带肋钢筋焊接网的面网配筋不同时，若配筋相差不大，可按较大配筋布置设计面网；否则，梁两侧的面网宜分别布置，如图 6-19 所示。

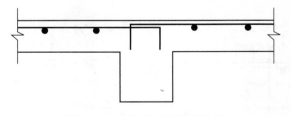

图 6-19　梁两侧的面网布置

14）当梁突出于板的上表面（反梁）时，梁两侧的带肋钢筋焊接网的面网和底网均应分别布置，如图 6-20 所示。

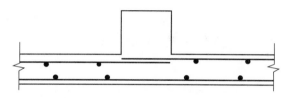

图 6-20　钢筋焊接网在反梁的布置

15）楼板面网与柱的连接可采用整张网片套在柱上，如图 6-21（a）所示，然后再与其他网片搭接；也可将面网在两个方向铺至柱边，其余部分按等强度设计原则用附加钢筋补足，如图 6-21（b）所示。楼板面网与钢柱的连接可采用附加钢筋连接方式。

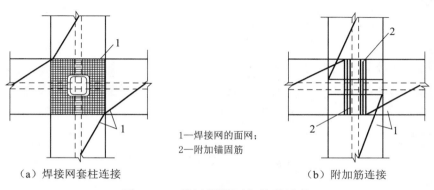

1—焊接网的面网；
2—附加锚固筋

（a）焊接网套柱连接　　　　　　　　　　（b）附加筋连接

图 6-21　楼板焊接网与柱的连接

楼板底网与柱的连接应符合设计的规定。

16）当楼板开洞时，可将通过洞口的钢筋切断，按等强度设计原则增设附加绑扎短钢筋加强，并参照普通绑扎钢筋相应的构造规定。

第五节　钢筋绑扎与安装的安全操作

1）所有进入现场的作业人员应戴安全帽，进行高处作业人员应扎紧衣袖，系牢安全带。

2）加工好的钢筋现场堆放应平稳、分散，以免倾倒、塌落伤人。

3）搬运钢筋时，应避免钢筋碰撞障碍物，防止在搬运中碰撞电线，引起触电事故。

4）当多人运送钢筋时，起、落、转、停动作要一致，并且人工上下传递不得在同一垂直线上。

5）对从事钢筋挤压连接及钢筋直螺纹连接施工的有关人员应经培训、考核，持证上岗，并要经常进行安全教育，避免发生人身和设备安全事故。

6）当高处进行挤压操作时，必须严格遵守国家现行标准《建筑施工高处作业安全技术规范》JGJ 80—1991 的相关规定。

7）在建筑物内的钢筋要分散堆放，在高空绑扎、安装钢筋时，不得把钢筋集中堆放在模板或脚手架上。

8）当在高空、深坑绑扎钢筋和安装骨架时，必须搭设脚手架及马道。

9）当绑扎 3m 以上的柱钢筋时，必须搭设操作平台，不得站在钢箍上绑扎。已绑扎的柱骨架应用临时支撑拉牢，防止倾倒。

10）绑扎圈梁、挑檐、外墙、边柱钢筋时，应搭设外脚手架或悬挑架，并按照规定挂好安全网。脚手架必须由专业架子工搭设并且要符合安全技术操作规程。

11）在绑扎筒式结构（如烟囱、水池等）时，不得站在钢筋骨架上操作或者上下。

12）在雨、雪、风力六级以上（含六级）天气中不得进行露天作业。雨雪后应在清除积水、积雪后进行作业。

第七章

钢筋施工安全和质量管理

第一节 钢筋骨架的搬运

钢筋的搬运通常用龙门吊、塔吊、专用货车和运料车等专用设备（图 7-1）。

图 7-1 塔吊

采用吊装方法运送钢筋网、架，或是向楼层吊运时，要正确选择吊点位置及吊索系结方法。起吊钢筋骨架下方禁止站人，降落地离地 1m 以内方可靠近。就位支撑好后，方可摘钩，对比较短的钢筋骨架，可采用两端带小挂钩的吊索（图 7-2）。

图 7-2 吊装

  搬运零散的钢筋骨架，应放在一定大的容器中。采取设对等的四个吊点起吊，以防止容器中钢筋配件偏斜坠落（图 7-3）。

图 7-3 零散骨架的吊装

第二节 钢筋工程的安全操作

  钢筋工的安全操作，详见表 7-1。

钢筋工的安全操作   表 7-1

项目	图示及说明
施工前注意事项	1) 在施工入场前，施工人员必须接受安全操作教育，持证上岗； 2) 开工前，要熟悉施工环境、机械设备、工具、安全措施； 3) 严格按照各项安全管理规定操作； 4) 落实责任、确保安全； 5) 施工时应佩戴安全帽等防护装备； 6) 严禁出现上下交叉作业的现象； 7) 现场应设置防护设施、安全标志、警告牌等设施；

项目	图示及说明
施工前注意事项	 8）加强安全巡查工作，发现问题及时处理； 9）在深基础或夜间施工时，现场应合理、科学的设置照明设施，加强安全管理
建筑工地基本安全要求	1）进入现场应戴好安全帽、系好帽带，并正确使用个人劳动防护用品； 2）2m以上的高处作业，无安全措施的必须系好安全带、扣好保险钩； 3）高处作业时，不准往下或向上乱抛材料和工具等； 4）各种电动机械设备应有可靠的安全接地和防雷装置，才可启动使用； 5）不懂电气和机械的人员，严禁使用和摆弄机电设备； 6）吊装区域非操作人员严禁入内，吊装机械性能应完好，把杆垂直下方不准站人 
钢筋工程安全操作规程	1）钢筋断料、配料、弯料等工作应在地面进行，不准在高空操作； 2）搬运钢筋要注意附近有无障碍物，架空电线和其他临时电气设备，防止钢筋在回转时碰撞电线，或发生触电事故； 3）现场绑扎悬空大梁钢筋时，不得站在模板上面操作，应在脚手板上操作； 

项目	图示及说明
钢筋工程安全操作规程	4）绑扎独立柱头钢筋时，不准站在钢箍上绑扎，也不准将木料、管子、钢模板穿在钢箍内作为立人板； 5）起吊钢筋骨架，下方禁止站人，待骨架降至距模板 1m 以下后，才准靠近，就位支撑好后，方可摘钩； 6）起吊钢筋时，规格应统一，不得长短参差不齐，不准一点吊； 7）切割机使用前，应检查机器运转是否正常，是否漏电，电源线须接漏电开关；  8）切割机后方不得堆放易燃物品；  9）钢筋头应及时清理，成品堆放要整齐，工作台要稳，钢筋工作棚照明灯应加网罩；  10）高处作业时，不得将钢筋集中堆在模板和脚手板上，也不要把工具、钢箍、短钢筋随意放在脚手板上，以免滑下伤人； 11）在雷雨时应暂停露天操作，防雷击钢筋伤人； 12）钢筋骨架不论其固定与否都不得在上行走，禁止从柱子上的钢筋上下； 13）钢筋冷拉时，冷拉线两端必须装置防护设施。冷拉时严禁在冷拉线两端站人或跨越、触动正在冷拉的钢筋

续表

项目	图示及说明
钢筋施工机械安全防护	1）钢筋机械安装平稳固定，场地条件满足安全操作要求； 2）切断机有上料架，切断机应在机械运转正常后方可送料切断； 3）弯曲钢筋时，扶料人员应站在弯曲方向反侧；  4）电焊机一侧距手端，必须使用漏电开关保护控制，一次电源线不得超过5m，焊机机壳做可靠接零保护； 5）电焊机一二次侧接线，宜使用同材质叠加压紧，接线点有防护罩； 6）钢筋加工设备的传动部位的安全防护罩、盖、板应齐全有效； 7）钢筋加工设备的卡具应安装牢固； 8）钢筋加工设备的操作人员的劳动防护用品按规定配备齐全，合理使用； 9）钢筋加工设备不允许超规定范围使用

第三节 工程质量检查与验收

1. 项目工程质量检查

根据《建筑工程质量验评标准》规定，应在班组、企业自行检查评定合格的基础上，由监理工程师或总监理工程师组织有关人员进行验收。施工企业工程质量验收主要包括班组自检、班组互检、工序交接检和质检员专责检查。

自检是班组在施工过程中，按照施工操作工艺要求，操作工人边操作边检查，将有关质量要求及时落实，并将施工误差控制在规定的限值范围内的自我检查，是工程质量检查验收的基础。自检、互检主要由技师组织，在本工种（班组）范围内进行，由承担检验分批、分项工程的工种工人参加，在施工操作过程中或某段工作完成后，对产品进行自我检查和互相检查，及时发现问题，及时整改，确保工程质量符合要求。通过自检、互检，要求操作工人在自检的基础上，相互之间进行检查监督，取长补短，由具体操作人员本身把好质量关，把质量缺陷解决在施工过程中。在施工过程中，操作工人按规范要求随时进行检查，体现了工程质量"谁施工，谁负责"的原则。

2. 隐蔽工程验收

隐蔽工程验收是指对那些在施工过程中将被下道工序掩盖工作成果的工程项目所进行的及时验收。钢筋工程施工完毕后，必须进行隐蔽验收，合格后方可进入下一工序的施工。在钢筋分项工程进行隐蔽工程验收时，主要检查验收的内容包括：钢筋的规格、数量、位置、加工形状、接头形式、位置尺寸、预埋件的位置和数量等。

参考文献

[1] 国家标准. GB/T 50105—2010 建筑结构制图标准 [S]. 北京：中国建筑工业出版社，2010.

[2] 行业标准. JGJ/T27—2014 钢筋焊接接头试验方法标准 [S]. 北京：中国建筑工业出版社，2014.

[3] 国家标准. GB 13788—2008 冷轧带肋钢筋 [S]. 北京：中国标准出版社，2008.

[4] 行业标准. JG 190—2006 冷轧扭钢筋 [S]. 北京：中国标准出版社，2006.

[5] 国家标准. GB 13014—2013 钢筋混凝土用余热处理钢筋 [S]. 北京：中国标准出版社，2013.

[6] 国家标准. GB 1499.1—2008 钢筋混凝土用钢 第1部分：热轧光圆钢筋 [S]. 北京：中国标准出版社，2008.

[7] 国家标准. GB 1499.2—2007 钢筋混凝土用钢 第2部分：热轧带肋钢筋 [S]. 北京：中国标准出版社，2007.

[8] 行业标准. JGJ 107—2010 钢筋机械连接技术规程 [S]. 北京：中国建筑工业出版社，2010.

[9] 行业标准. JGJ 18—2012 钢筋焊接及验收规程 [S]. 北京：中国建筑工业出版社，2010.

[10] 行业标准. JGJ 95—2011 冷轧带肋钢筋混凝土结构技术规程 [S]. 北京：中国建筑工业出版社，2012.

[11] 吴志斌. 钢筋工 [M]. 北京：中国铁道出版社，2012.

[12] 白建方. 钢筋工新手易学一本通 [M]. 北京：机械工业出版社，2011.

[13] 袁瑞文. 钢筋工实用技术手册 [M]. 武汉：武中科技大学出版社，2011.